中华优秀传统文化是炎黄子孙共同的精神家园

颜氏家训选译

黄永年 译注
许嘉璐 审阅

古代文史名著选译丛书

（珍藏版）

主编 章培恒 安平秋 马樟根

凤凰出版社

图书在版编目（CIP）数据

颜氏家训选译 / 黄永年译注. -- 南京 : 凤凰出版社，2017.1（2018.4重印）
（古代文史名著选译丛书 : 珍藏版 / 章培恒，安平秋，马樟根主编）
ISBN 978-7-5506-2472-6

Ⅰ. ①颜… Ⅱ. ①黄… Ⅲ. ①家庭道德－中国－南北朝时代②《颜氏家训》－译文③《颜氏家训》－注释
Ⅳ. ①B823.1

中国版本图书馆CIP数据核字(2016)第255697号

书　　名	颜氏家训选译
主　　编	章培恒　安平秋　马樟根
译 注 者	黄永年
责任编辑	卞　岐
装帧设计	姜　嵩
出版发行	凤凰出版社(原江苏古籍出版社) 发行部电话025-83223462
出版社地址	南京市中央路165号,邮编:210009
出版社网址	http://www.fhcbs.com
照　　排	江苏凤凰制版有限公司
印　　刷	苏州市越洋印刷有限公司 苏州市吴中区南官渡路20号　邮编:215104
开　　本	850×1168毫米　1/32
印　　张	5.5
字　　数	114千字
版　　次	2017年1月第1版　2018年4月第2次印刷
标准书号	ISBN 978-7-5506-2472-6
定　　价	30.00元

(本书凡印装错误可向承印厂调换,电话:0512-68180638)

目 录

前 言

家庭教育我们今天很重视，古人何尝不是如此。当然，古人之所以重视还有其特殊原因，即当时没有像今天小学、中学那样的学校，有钱人家的孩子虽可上书塾，但教的读的都只是些书本知识，品德教育还多半靠家长，更不用说没有条件读书识字的劳动人民子弟了。劳动人民子弟平时听到的是家长的口头教育，有钱人家除口头教育外，读过书喜欢做文章的家长还常写下点书面的东西，通称为《家诫》或《家训》。据记载最早的有西晋时杜预写的《家诫》，可惜很久以前就失传了。流传下来最早最有名的则是颜之推的二十篇《颜氏家训》，它写成在隋朝初年，离今天已有一千四百多年的岁月。

“存在决定意识”，在给这部《颜氏家训》作选译，并把它介绍给读者之前，有必要讲一讲作者颜之推生活的时代，以及颜之推在这个时代的社会地位和经历，这也是前人所说的要“知人论世”。只有这样，读者才会懂得这部《家训》为什么要这么训，这么写，懂得其中哪些东西在当时就是错误的，就不足为训，哪些东西在当时虽正确，但随着时代的变迁在今天已失去现实意义，而另有一些东西则时至今日仍可供参考借鉴。我们今天不是要弘扬我国的优秀传统文化吗？传统文化中究竟哪些算优秀，是精华，哪些是糟粕，在它身上不会贴个明显的标签，而且精华、糟粕还常常夹杂在一起。要加以区别,最科学的办法还是作“知人论世”的分析。

这里先说时代。颜之推生活的当然是封建时代,社会是封建社会。但这个封建社会又有其特殊性,即曾经出现过一种特殊的东西叫“门阀”。要知道,我国封建社会在西周春秋时本来是和西欧中世纪一样都是所谓封建领主制,上面是从天子、诸侯、大夫、士一层层领主,统治着没有人身自由的农奴。只是我国社会成熟得早,早在进入战国时代就从封建领主制转化成为封建地主制,不再是领主来剥削农奴而变成地主来剥削有人身自由的佃农。这当然是一大进步。无奈任何一种社会在它刚出现时总不免留有前一种社会的残余。秦汉时中央虽已集权,郡守、县令的僚属却都要由本地所谓“大姓”的子弟充任,这就是过去领主势力在基层的残余。这在中央政权稳定时还相安无事,一旦中央政权瓦解,这些大姓就以本宗族的人员为基础,或割据一方,或问鼎中原,从东汉末年的群雄并起到三国分立,都是他们活跃的结果。到魏晋时候,这些大姓中立有功勋成为显要者就被政府承认为身份高贵、拥有特权的“士族”,此外不论是地主还是农民都只算是“庶族”。这种士族是世袭的,一个人成了士族就一家都是士族,子孙也世代都是士族,所以又被称为“门阀”,门是家门,阀是阀阅,据说这阀阅是大门左右的一对柱子,家门里立了功常在上面张贴功状,于是人们用它来称士族,意思是有功勋的特殊富贵人家。这种士族的特权体现在两个方面:一是可以庇荫本宗族的成员和投靠的客,这些成员和客只对他们的士族主子缴租并服劳役兵役,不再向国家承担赋役,他们对士族主子的人身依附近似于农奴依附领主。再是士族子弟不到二十岁就可做官，而且必做庶族不许充任的清贵官，于是士族和庶族在仕宦上也分出清、浊两途，和领主制时代诸侯、大夫、士必须世袭又有近似之处。这实际上是领主制残余势力的一次回光返照，是历史的倒退而非进步。

尽管如此，这些士族在刚被认可时总还有些能量，否则他们就不会活跃在政治舞台上。但由于士族的生活实在太优裕，传了几代之后总不免腐朽起来。像东晋初年头号士族王家到后期就十分腐朽，亏得还有后起的士族谢家来填补空缺，淝水之战靠了谢安、谢玄等将相打败了氐族苻坚号称百万大军的南侵。进入南北朝以后，北朝经魏孝文帝拓拔宏迁都洛阳重定族姓，使士族队伍加进大批鲜卑贵族而得延续一百多年的生命。南朝的汉族政权则除皇朝更迭外没有对士族队伍作调整，基本上仍是已腐朽了的东晋后期那几姓。士族办不了实事只好把庶族吸收进政权机构，但仍然被士族看不起。直到梁武帝末年招降的北方胡化将领侯景作乱，把在如今江苏南京的京城建康攻陷，在如今湖北江陵的梁元帝政权接着又被北方的西魏消灭，南方士族一再经受严重的打击，在陈霸先建立的陈朝里就只得尽由庶族来充任将相了。不久隋灭陈统一中国，到唐初的法令上不再有士族准许庇荫的条文，旧士族子孙想做官只有和庶族一样参加科举考试，门阀这个怪物才在我国历史上最终消失。

以上粗线条地描绘了门阀士族的兴衰，接着就该介绍《颜氏家训》作者颜之推的社会地位和经历。据《北齐书·颜之推传》的记述，这颜家原籍琅邪临沂即今山东临沂，是魏晋以来北方的老士族。九世祖颜含跟随东晋元帝司马睿南渡，做过侍中、右光禄大夫等清贵的要职，以后七代直到颜之推的祖父都在东晋南朝做清贵官，坟墓也都在建康，是士族中的所谓“侨姓”。颜之推的父亲颜协任梁武帝第七子湘东王萧绎的王国常侍，梁武帝普通七年(526)萧绎外任使持节都督荆湘等六州诸军事、荆州刺史，颜协也跟着去荆州的治所江陵，萧绎加镇西将军后颜协又任军府的谘议参军。梁武帝中大通三年(531)颜之推就出生在江陵，他比普通四年出生的大哥颜之仪要小八岁①。梁武帝大同五年(539)颜协在江陵去世，不久萧绎也回建康任职。大同六年(540)萧绎又出任使持节都督江州诸军事、镇南将军、江州刺史，梁武帝太清元年(547)再次调任使持节都督荆雍等九州诸军事、镇西将军、荆州刺史，颜之推和大哥颜之仪都先后跟到江州的治所即今江西九江和荆州治所江陵，颜之推做上了萧绎湘东王国的左常侍，加镇西将军府的墨曹参军，其时年龄还不到二十岁，显然体现了士族仕宦的特权。太清二年(548)侯景打进建康，第二年把梁武帝萧衍拘禁起来活活饿死，立梁武帝第三子萧纲为傀儡皇帝。简文帝大宝元年(550)，萧绎派儿子萧方诸出任郢州刺史防御侯景，让年仅二十岁的颜之推去郢州治所夏口

①《北齐书·颜之推传》不载颜之推的生卒年，这里说生于中大通三年(531)，是清代学者钱大昕在所撰《疑年录》里作的考证，钱氏是根据《颜氏家训·序致》里所说颜之推“年始九岁”便丧父，又据《梁书·颜协传》说颜之推父颜协卒于梁武帝大同五年(539)，这年颜之推既是九岁，上推出生之年必是梁武帝中大通三年(531)，因为古人的年龄都用虚算，即以出生的那一年为一岁，过了年头便是两岁，以此类推，又这位颜协在《北齐书·颜之推传》里写作颜勰(xié)，“勰”、“协”二字古可通用。颜之仪的传则见于《周书》，说他卒于隋文帝开皇十一年(591)，享年六十九，由此推算出生年是梁武帝普通四年(523)。

(今湖北武汉)任管记做文书工作。大宝二年(551)侯景叛军打进夏口把萧方诸和颜之推俘虏到建康,侯景杀萧纲自己称帝。第二年(552)梁军收复建康,侯景败死,萧绎在江陵称帝成为历史上的梁元帝,颜之推回到江陵任元帝的散骑侍郎。两年后即元帝承圣三年(554)西魏又出兵南下攻占江陵,萧绎被杀,官员百姓十多万人沦为奴隶被押送关中,二十五岁的颜之推和大哥颜之仪又未能幸免。好在颜之推有文才,被大将军李穆所赏识,没有多吃苦而被推荐给镇守弘农郡的阳平公李远代写书信。弘农郡的治所弘农县在今河南灵宝北面离黄河不远之处,趁水涨颜之推坐船冒险经过三门峡逃入了北齐。从这时起颜之推总算在北齐京都邺城过了二十年出头的平静生活,还生了两个儿子颜思鲁和颜慜楚①。当然这平静生活也是过得颇为不容易,因为北齐第一个皇帝文宣帝高洋和第四个皇帝武成帝高湛都是杀人如儿戏的暴君,最后一个亡国之君后主高纬又是只知玩乐的糊涂虫,颜之推以不卷入上层政治斗争而保全了身家性命,平稳地历任通直散骑常侍、中书舍人、黄门侍郎等清贵官职。而当年留在北周的颜之仪后来也做了大官,只因参与上层政治斗争多次差点酿成杀身之祸。北周建德六年(577)周武帝宇文邕吞灭北齐时,颜之推曾建议后主高纬投奔南朝的陈国,没有被听从,只让他出任平原太守去今山东平原县西南防守黄河。北齐灭亡

① 思鲁,表示思念原籍琅邪临沂,临沂在春秋时是鲁国的地方。慜(mǐn)楚:表示哀怜被灭掉的江陵,江陵在春秋时是楚国的地方。唐初学问家注《汉书》的颜师古就是颜思鲁的儿子,大书法家颜真卿则是颜思鲁的玄孙,《旧唐书》《新唐书》里都有这两人的传。

后四十七岁的颜之推再度进入关中，又生了一个儿子颜游秦①。周静帝大象二年（580）颜之推在京城长安做御史上士。隋取代周以后在文帝开皇中还被太子杨勇召为学士，不久去世，享年六十光景②。这六十年中曾三度遭受大变乱，用他自己的话就是“三为亡国之人”③，做官虽清贵但不敢抓权势，正活画出南朝士族的没落形象，这和门阀全盛时期声势煊赫的魏晋士族久已不可同日而语。

弄清了颜之推的时代以及他的社会地位和经历，再来试读《颜氏家训》，在许多方面就有“迎刃而解”之乐。

（一）《颜氏家训》里老是主张谦退，不提倡进取。这不能说是受道家思想的影响，因为《勉学》篇里提到他早年听过萧绎讲授《老子》《庄子》，但“性既顽鲁，亦所不好”。他之所以如此，是由于他看透了门阀士族的腐朽没落，不能再指望有所进取。为此他在《家训》里专门写了《涉务》篇，对士族的只会摆空架子、不能办实事加以谴责，指出这些人“品藻古今，若指诸掌，及有试用，多无所堪。居承平之世，不知有丧乱之祸；处庙堂之下，不知有战陈之急；保俸禄之资，不知有耕稼之苦；肆吏民之上，不知有劳役之勤”。而且平时“褒衣博带，大冠高履，出则车舆，入则扶侍，郊郭之内，无乘马者”，甚至有不会骑马，见了马“莫不震慑，乃谓人曰：‘正是虎，何故名为马乎’”的笑话。“及侯

① 游秦，是出游关中长安的意思，关中长安在春秋时是秦国的地方，颜之推对北周没有好感，不像对鲁要“思”、对楚要“愍”那样，对秦只来个“游”字就算了。 ② 开皇前后有二十年，即公元581年到600年，“开皇中”算哪一年呢？姑且折中算做开皇十年吧，折成公元是590年，从颜之推出生的公元531年算到590年正好前后六十年，用我国旧算法就正是六十岁。 ③ 这话见于《北齐书·颜之推传》所载颜氏自撰《观我生赋》的自注。

景之乱，肤脆骨柔，不堪行步，体羸气弱，不耐寒暑，坐死仓猝者，往往而然”。士族这个阶层既无前途，颜之推自然不去梦想还有哪一天能恢复到他九世祖颜含那个时代的声形，而只能是以退为守，让自己和这个家族能苟全性命于乱世就满足。于是他在《家训》里接着写了《省事》篇和《止足》篇，《止足》篇提出“天地鬼神之道，皆恶满盈，谦虚冲退，可以无害”的思想，主张仕宦只需“处在中品”，“高此者便当罢谢”，切莫“侥幸富贵”而带来杀身灭族之祸。同时他还给家产订了个标准，说“常以二十口之家，奴婢盛多，不可出二十人，良田十顷，堂室才蔽风雨，车马仅代杖策，蓄财数万，以拟吉凶急速。不啻此者，以义散之；不至此者，勿非道求之”。《省事》篇则主张安分守己，宣传多一事不如少一事的思想。这些思想从总体上讲当然属于腐朽没落的阶级意识，即使在当时也说不上有什么进步性，和今天为了建设社会主义要敢于进取这点更是背道而驰。但所讲止足如用在生活上、物质享受上还多少有点现实意义。这当然不是说照用《止足》篇里“良田十顷”、“蓄财数万”的地主阶级标准，而应该有今天真正合理的标准和要求。

（二）没落的士族成员如何才能生存？颜之推的答复是要学真实本领而不能再像以往那样务虚名，所以《颜氏家训》里就有个《名实》篇，痛斥务虚名的害处，说“不修身而求令名于世者，犹貌甚恶而责妍影于镜也”。什么算是该学的真实本领呢？讲军事会打仗不算，因为多次战乱告诉颜之推这太危险，不符合谦退的宗旨。为此他还在《家训》里写了《诫兵》篇，指出文士“颇读兵书，微有经略，若居承平之世，睥睨宫闱，幸灾乐祸，首为逆乱，诖误良善；如在兵革之时，构扇反复，纵横说诱，不识存亡，强相扶戴”的荒唐，说"此皆陷身灭族之本"。在颜之推看来，该学的还是传统的儒家经典，为此他在《家训》里写了《勉学》篇，指出学的目的"本欲开心明目"，"修身利行"，退一步"纵不能增益德行，敦厉风俗，犹为一艺，得以自资。父兄不可常依，乡国不可常保，一旦流离，无人庇荫，当自求诸身耳。谚曰：'积财千万，不如薄伎在身。'伎之易习而可贵者，无过于读书也"。这自然是颜之推的经验之谈，他自己就是凭读书有学问在萧梁、北齐、北周、杨隋四个政权都做上了清贵的官职。这种读书做官的论调今天看来自不足取，但提倡勤学、早学，主张"失于盛年，犹当晚学"等等，总不能算错，在今天仍可起教育作用。《勉学》篇之后接着是《文章》篇，因为当时除经学外还要求写好文章。这《文章》篇在理论上也有许多可以补充我国古代文论专著《文心雕龙》的地方。还有《书证》篇是对经、史、文章等所作的零星考证，《音辞》篇是对经、史等读音的考订，都可说是《勉学》、《文章》两篇的补充。绝大部分应属有用的精华，尽管有些太专业不易看懂。《杂艺》篇则讲了经、史、文章以外的若干技艺，所讲书法、绘画、射箭、算术、医学、弹琴等也都有精华成分。南北朝的士族中常有儒、道、佛三教并重的做法，颜之推则不信道而信佛。他在《勉学》篇里指出老、庄都系"任纵之徒"，谈玄"非济世成俗之要"，并写了《养生》篇否定道教的炼丹学仙，这些也都是可取的。所写的《归心》篇为信佛辩护并宣传迷信当然不可取，但这也是政局动荡中企图避凶趋吉的一种措施，和苟全性命于乱世的思想有其共通之处。

（三）《颜氏家训》中另一部分是专讲治家道理的，有《教子》《兄弟》《后娶》《治家》《风操》《慕贤》，直到最后讲丧葬的《终制》共七篇。当然，这所治之家只是个趋于没落的士族之家，但其中仍有适用于今天的主张和办法。例如《教子》篇指出“无教而有爱”的毛病，“饮食运为，恣其所欲，宜诫翻奖，应呵反笑，至有识知，谓法当尔。骄慢已习，方复制之，捶挞至死而无威，忿怒日隆而增怨，逮于成长，终为败德”，今天某些家庭岂非正是这样出了不肖子孙。《兄弟》篇指出幼小时兄弟间“不能不相爱”，“及其壮也，各妻其妻，各子其子，虽有笃厚之人，不能不少衰”，所以要提倡“友悌深至，不为旁人所移”，这在今天看来也很有道理。《后娶》篇里有些话因时代不同已用不上，但所指出后妻“惨虐孤遗，离间骨肉”的事情今天还存在，仍值得警惕。《治家》篇里指出治家应宽猛结合，应“施而不奢，俭而不吝”，以及不应让夫人干政，不应杀害女婴，不应买卖婚姻，不应损坏书籍，不应相信巫术等等，在今天仍多可取。《慕贤》篇里指出“与善人居，如入芝兰之室，久而自芳”，“与恶人居，如入鲍鱼之肆，久而自臭”，因而对当世名贤应景仰向慕，不应“贵耳贱目，重遥轻近”，也颇符合教育原理。《终制》篇里指出厚葬的弊端加以抵制，教导儿子们“宜以传世扬名为务，不可顾恋朽壤”，对今天办理丧事也可资借鉴。只有《风操》篇所讲避讳、称谓以及和丧事有关的某些问题在门阀解体后久不受人重视，讲得虽对但在今天已无现实意义。总之，这些讲治家的篇章中可取的精华居多数，贵在善于别择。

作了如上的分析，可以看到这部《颜氏家训》是有瑜有瑕，有精华也有糟粕，但从总体来看精华还是多于糟粕，弄出个选译本来读读很有好处。当然所选译的不可能字字句句都是精华而不带糟粕，因为前面说过，精华和糟粕往往夹杂在一起，这部《家训》包括其中多数篇章就是如此，总不能选几句删几句，甚或一句里删几个字。这里只能做到在精华多的篇里多选，少的少选，另外虽非糟粕但过于专业难懂的也少选，例如《书证》篇本是《家训》里最长的一篇，因为专业难懂，在这本《选译》里只选了很少几段。另外《归心》篇可说很少精华，清代刊刻《颜氏家训》时有人曾把它删去不刻，但考虑到全书二十篇中十九篇都选译了，独缺一篇不选也不好，就仍选译出来使读者可窥《家训》全貌。好在每篇之前都加了一小段提示性质的文字，对如何区别精华、糟粕多少作了点讲说。

《颜氏家训》过去的刻本很多。这本《选译》是用清乾隆五十四年(1789)卢文弨抱经堂刻本作底本，因为它所依据的是较好的七卷本，又经学者赵曦明和卢文弨本人作了注，刊刻时还由卢氏作了校勘整理。另外，今人王利器也撰写了一部《颜氏家训集解》，1980年由上海古籍出版社印行问世，其文字除沿用抱经堂本外，还旁征南宋刻元人修补的七卷原本和多种明清刻二卷本校勘异同。我在撰写这本《选译》时曾利用这些校语来改正抱经堂本的脱误，为简省起见没有一一出注作说明。《集解》除赵、卢旧注外还搜集了其他学者对《家训》的解说，有些地方还有自己的看法，这本《选译》也曾多次采用，限于体例也不再说明是谁的说法。前人今人的解说难免有疏略之处，只要我能发现就径行补正。如《杂艺》篇“遂为陆护军画支江寺壁”这句前人今人均阙而不说，我就注出陆护军是时任护军将军的陆法和，支江即枝江，是个县。至于前人说错或今人说错、点错之处，在这本《选译》里注对、译对、点对就行了，不再一一指出。

黄永年

序致第一

这是颜之推给《家训》写的自序。所谓序，是序说；致，是表达；序致，就是表达讲说撰写这《家训》的目的。目的有两个：一是前人著作多重复圣贤之书，他则专讲家庭里教育子孙的道理。二是自己经受家庭教育、社会阅历，有许多深切的体会，需要写出来留给后人作鉴诫。

这篇《序致》文字不多，所以全部注译，不作删节。

夫圣贤之书，教人诚孝①，慎言检迹②，立身扬名③，亦已备矣。魏晋已来④，所著诸子⑤，理重事复，递相模敩⑥，犹屋下架屋、床上施床耳⑦。吾今所以复为此者，非敢轨物范世也⑧，业以整齐门内⑨，提撕子孙⑩。夫同言而信，信其所亲；同命而行，行其所服。禁童子之暴谑⑪，则师友之诫⑫，不如傅婢之指挥⑬；止凡人之斗阋⑭，则尧舜之道，不如寡妻之诲谕⑮。吾望此书为汝曹之所信⑯，犹贤于傅婢、寡妻耳⑰。

【注释】

① 诚孝：就是忠孝，《颜氏家训》是入隋后写的，要避隋文帝杨坚父亲的名讳，故把“忠”改写成“诚”字。② 检：检点，约束。迹：行为。③ 立身：树立自身，指自身干出一番事业。④ 已来：就是“以来”。⑤ 诸子：本指先秦诸子，如儒家的《孟子》《荀子》、墨家的《墨子》、道家的《老子》《庄子》、法家的《韩非子》之类。这里指魏晋以来的类似论著，如荀悦《申鉴》、徐幹《中论》之类。⑥ 敩（xiào）：通“学”。⑦ 屋下架屋、床上施床：比喻重复而无用。当时的床兼指坐具和卧具，北宋以来才成为卧具的专称。⑧ 轨物范世：轨，在古代本指车的轨迹；范，在古代本指浇铸的模子，因而后来引申为规范的意思，这里的轨物范世就是给办事处世作规范。轨物的“物”即指事物。⑨ 业以：事业的“业”本指专业。这里的“业以”即专门用来的意思。⑩ 提撕（xī）：本是拉的意思，后多引申为提醒，教诲。⑪ 暴：暴躁，胡闹。谑（xuè）：戏笑，戏闹。⑫ 师友：这里指可以求益请教的人，也就是通常所谓师长，不能解释成老师和朋友。⑬ 傅婢：傅是辅佐的意思，傅婢就是富贵人家照管小孩的婢女。⑭ 凡人：世俗之人。阋（xì）：争吵。⑮ 寡妻：就是指妻，不是指死去丈夫的所谓寡妇。谕：使理解。⑯ 汝曹：曹本指辈、指群。汝曹：就是你们。⑰ 贤：这里指胜过、好过。

吾家风教①，素为整密②，昔在龆龀③，便蒙诱诲。每从两兄④，晓夕温凊⑤，规行矩步⑥，安辞定色，锵锵翼翼[7]，若朝严君焉[8]。赐以优言[9]，问所好尚[10]，励短引长[11]，莫不恳笃[12]。年始九岁，便丁荼蓼[13]，家涂离散[14]，百口索然[15]。慈兄鞠养[16]，苦辛备至，有仁无威，导示不切。虽读《礼》《传》[17]，微爱属文[18]，颇为凡人之所陶染[19]，肆欲轻言[20]，不修边幅[21]。年十八九，少知砥砺[22]，习若自然，卒难洗荡[23]。二十已后，大过稀焉。每常心共口敌[24]，性与情竞[25]，夜觉晓非，今悔昨失，自怜无教，以至于斯。追思平昔之指[26]，铭肌镂骨[27]；非徒古书之诫，经目过耳也。故留此二十篇，以为汝曹后车耳[28]。

【注释】

① 风教：风也是教，这里指家教。② 整：整齐，严肃。密：周详，完备。③ 龆龀（tiáo chèn）：龆和龀，本都指儿童脱去乳齿，长出恒齿，后引申指童年。④ 两兄：《梁书·颜协传》只说颜协有子之仪、之推，《元和姓纂》则说颜协生之仪、之推、之善。这里所说“两兄”除之仪外不知还有谁，难道之善也是兄？⑤ 温凊（qìng）：温在这里是温被使暖，凊是凉，在这里是扇席使凉，温凊泛指侍奉父母。⑥ 规行矩步：规本是圆规，矩本是直角尺，后规矩引申为规矩礼法，规行矩步就是行动谨慎，举止端方。⑦ 锵（qiāng）锵：即跄（qiāng）跄，步趋有节的样子。翼翼：恭敬的样子。⑧ 严君：这里指尊严的君上，但通常多借用来指父亲。⑨ 优言：好话，优容勉励的话。⑩ 好尚：爱好崇尚。⑪ 励：通“砺”，磨炼，磨掉。引：引申，这里是发扬的意思。⑫ 笃：在这里是确当的意思。⑬ 丁：当，逢上。荼蓼（tú liǎo）：荼本是苦

菜，蓼本是辛辣的野菜，荼蓼本指处境辛苦，这里指父亲去世家境困苦。⑭ 家涂：家道。⑮ 百口：指家属，古代大家庭人口多，所以说百口。索然：萧索，零落无生气的样子。⑯ 鞠：抚养。⑰《礼》《传》：《周礼》和《春秋左传》。《北齐书·颜之推传》说他家世善治这两种经书，其中《左传》在魏晋南北朝以至隋唐都列入所谓《五经》之中，《周礼》则为南北朝士族所重视的《三礼》之首列（另两种为《仪礼》和《礼记》，《礼记》又是当时的《五经》之一）。⑱ 微：稍，少。属文：属是联接，把字句联接起来做成文章，古人称为"属文"，而不叫"作文" ⑲ 陶：熏陶。染：染习，影响。⑳ 肆：放纵。轻：轻率。㉑ 不修边幅：不注意衣着仪表。㉒ 砥砺（dǐ lì）：本指磨刀石，引申为磨砺。㉓ 卒（cù）：同"猝"，突然，短暂间。㉔ 心共口敌：指要用内心来控制，使嘴里不乱说。㉕ 性与情竞：性指善的本性，情指情欲，竞是竞争，斗争。㉖ 指：通"旨"，意旨，意愿志趣。㉗ 铭肌镂（lòu）骨：铭、镂都是刻，铭肌镂骨，形容体会深切。㉘ 为汝曹后车：《汉书·贾谊传》里有"前车覆，后车戒"的话，为汝曹后车就是供汝曹鉴戒的意思。

【翻译】

那些圣贤的著作，教导人们尽忠行孝，要说话谨慎行为检点，事业成立名声播扬，所有这些都已讲得很周全。魏晋以来，出现的一些子书，道理重复内容因袭，人人互相模仿学习，真好比屋下架屋，床上安床了。我如今所以再要写这部《家训》，并非敢于给办事处世作什么规范，而是专门用来整顿家门，教诲子孙。同样的话，因为是所亲近的人说的就相信；同样的命令，因为是所信服的人发出的就执行。禁止小孩的胡闹戏笑，那师友的训诫，就不如傅婢的指挥；阻止俗人的斗殴争吵，那尧舜的教导，就不如妻子的劝解。我希望这《家训》能被你们所遵信，总还比傅婢、妻子的话来得高明。

我家的家教，向称严肃周详，我当初在童年时，就受到诱导教诲。经常跟随两位哥哥，早晚侍奉双亲，行动谨慎举止端方，言语安详神色平和，锵锵翼翼，好似朝见尊严的君上。双亲优容勉励，问我们爱好崇尚，磨掉我们的短处发扬我们的长处，都既恳切又确当。到我九岁的时候，父亲去世陷入困境，家道沦落，家口萧索。哥哥抚养我，竭尽苦辛，但有仁爱而少威严，引导启示不那么严切。我当时虽也诵读《礼》《传》，但又对做文章稍有爱好，多少受到世俗的熏陶影响，私欲放纵言语轻率，不修饰边幅。到十八九岁，才稍知磨砺，只是习惯已成自然，短时间难于洗涤净尽。到二十岁以后，大的过错才较少出现，但还经常心和口相敌，性和情相争，夜晚发觉清晨的错误，今天悔恨昨天的过失，自己常叹息由于缺乏教育，以至于此。回想起生平的意愿志趣，体会深切；不比光阅读古书上的训诫，只是经过一下眼睛耳朵而已。因此写下这二十篇，给你们作为后车之鉴。

教子第二

家庭里的大问题是如何教育子女，这在封建社会已是如此。而且当时要维护好门阀士族的家声世业，更急于教育出能光宗耀祖的好儿子。这里所说的在今天当然不都适用，但像文中所说的“无教而有爱”，结果“逮于成长，终为败德”，仍值得引起今天为父母者警觉。最后一段指斥某士大夫教儿子学鲜卑语、弹琵琶去“伏事公卿”的下贱做法，说明颜之推还讲点骨气，在当时已算难能可贵。

上智不教而成，下愚虽教无益，中庸之人①，不教不知也。古者圣王，有胎教之法②，怀子三月，出居别宫，目不邪视，耳不妄听，音声滋味③，以礼节之。书之玉版④，藏诸金匮⑤。生子咳㖷⑥。师保固明孝仁礼义⑦，导习之矣。凡庶纵不能尔⑧，当及婴稚识人颜色、知人喜怒，便加教诲，使为则为，使止则止，比及数岁⑨，可省笞罚⑩。父母威严而有慈，则子女畏慎而生孝矣。吾见世间无教而有爱，每不能然，饮食运为⑪，恣其所欲⑫，宜诫翻奖，应呵反笑⑬，至有识知⑭，谓法当尔。骄慢已习[15]，方复制之，捶挞至死而无威[16]，忿怒日隆而增怨[17]，逮于成长，终为败德[18]。孔子云："少成若天性[19]，习惯如自然。"是也。俗谚曰[20]："教妇初来，教儿婴孩。"诚哉斯语。

【注释】

① 中庸之人：除掉上智、下愚以外绝大多数的普通人，寻常人。② 胎教：我国古代认为孕妇的言行能影响胎儿，因而必须谨守礼仪，给胎儿好的影响，叫胎教。大概在先秦时已有此说法，具体措施则如下文所讲。③ 音声：古人称音乐为音声，到唐代还称奏乐的人为"音声人"。滋味：美味。④ 书之玉版：写在玉版上。先秦时没有纸，一般在竹木简上书写，也有用帛书写，更讲究的则用玉版来代替。⑤ 金匮(guì)：匮是"柜"的古字，是方形或长方形的家具，用来盛放东西。金匮是金属制造的柜，盛放重要的东西。⑥ 咳提(hái tí)：也写作"孩提"，指在襁褓中的婴儿，孩指婴儿刚会笑，提指可以提抱。⑦ 师保：师和保都是先秦时教育贵族子弟的官。⑧ 尔：如此，这样。⑨ 比及：等到。⑩ 笞(chī)：鞭打，杖击。⑪ 运为：即"云为"，行为。⑫ 恣(zì)：任凭。⑬ 呵(hē)：大声喝斥，呵斥。⑭ 有识知：识知即知识，有识知指懂了事。⑮ 慢：怠慢。⑯ 挞(tà)：用鞭或杖打。⑰ 忿(fèn)：同"愤"。⑱ 败德：败坏的品德。⑲ 少成：从小养成的习惯。天性：人出生就具有的本性。⑳ 谚(yàn)：谚语，俗话。

凡人不能教子女者，亦非欲陷其罪恶，但重于呵怒伤其颜色①，不忍楚挞惨其肌肤耳②。当以疾病为谕，安得不用汤药针艾救之哉③？又宜思勤督训者可愿苛虐于骨肉乎④？诚不得已也！

……

父子之严，不可以狎⑤；骨肉之爱，不可以简⑥。简则慈孝不接⑦，狎则怠慢生焉⑧。

……

人之爱子，罕亦能均，自古及今，此弊多矣。贤俊者自可赏爱，顽鲁者亦当矜怜⑨。有偏宠者，虽欲以厚之，更所以祸之。……

齐朝有一士大夫⑩，尝谓吾曰："我有一儿，年已十七，颇晓书疏⑪，教其鲜卑语及弹琵琶⑫，稍欲通解，以此伏事公卿，无不宠爱，亦要事也。"吾时俯而不答。异哉，此人之教子也！若由此业自致卿相，亦不愿汝曹为之。

【注释】

① 重：难，不愿意。颜色：脸色，神色。② 楚：古代刑杖叫楚，引申为用刑杖打人也叫楚。③ 针艾：针灸(jiǔ)，用针刺，用艾熏灼。④ 骨肉：习惯把子女说成父母的亲骨肉。⑤ 狎(xiá)：因亲近而轻忽。⑥ 简：简慢。⑦ 慈孝不接：父要慈，子要孝，慈孝不接，是说慈和孝不能会合，也就是慈和孝都做不好。接，在这里是会合的意思。⑧ 怠(dài)：懈怠。⑨ 顽鲁：顽和鲁都是愚蠢的意思。矜(jīn)：怜悯，同情。⑩ 齐朝：北齐朝。⑪ 书疏：奏疏、信札之类。⑫ 鲜卑

语：北齐的皇室高氏据研究应源出高丽，但自北魏以来北朝的大臣显贵多系鲜卑族，所以当时有些人因懂鲜卑语和显贵们接近而自鸣得意。弹琵琶：琵琶是中亚流行的乐器，在北齐中亚的乐舞颇受显贵们欢迎，因而会弹琵琶也成为时髦的事情。

【翻译】

上智的人不用教就能成才，下愚的人即使教也不起作用，只有中庸的人要教育，不教就不知。古时候的圣王，有“胎教”的做法，怀孕三个月，出去住到别的房子里，眼睛不能邪视，耳朵不能乱听，听音乐吃美味，都要依照礼加以节制，还得把这些写到玉版上，藏进金匮里。到婴儿出生还在孩提时，做师保的本就要讲说孝仁礼义，来引导学习。普通老百姓家纵使不能如此，也当在婴儿认识人、懂得喜怒时，就加以教导训诲，叫做就得做，不叫做就得不做，等到长大几岁，就可少用鞭打惩罚。只要父母既威严又慈祥，子女自然敬畏小心而有孝行了。

我见到世上那种不讲教只有爱的，常常不是这样，吃什么，干什么，听凭孩子开口，该训诫反而夸奖，该呵斥反而欢笑，等孩子有了知识，还认为道理本来如此。到骄傲怠慢已成习惯才去制止，那就纵使敲打得再狠毒也树立不起威严，愤怒得再厉害也只会增加怨恨，直至成长，终于养成坏品德。孔子说：“年纪小时养成的就像天性，习惯了也就成为自然。”是很对的。俗话说：“教媳妇要在初来时，教儿子要在婴孩时。”这话确实如此。

一般人不能教子女的，也并非要把子女推进罪恶的泥坑，只是不愿意使他因呵斥而神色沮丧，不忍心使他因敲打而肌肤痛苦。这该用生病来作比喻，怎能不用汤药针艾来救治啊？还该想一想那认真督促训诫的难道愿意对亲骨肉刻薄凌虐吗？实在是不得已啊！

……

父子之间要讲严，而不可以狎；骨肉之间要有爱，但不可以简。简了就慈孝都做不好，狎了怠慢就会产生。

……

人的爱孩子，很少能做到均平，从古到今，有这种毛病的可多得很。其实俊秀的固然引人喜爱，愚蠢的也应该加以怜悯。那种有偏爱的，虽是想对他好，反而会给他招祸。

……

齐朝有个士大夫，曾对我说："我有个儿子，已有十七岁，很懂写点书疏，教他讲鲜卑话、弹琵琶，差不多都学会了，凭这些来服侍公卿，没有不被宠爱的，这也是紧要的事情。"我当时低头没有回答。奇怪啊，这个人的教儿子！如果用这种办法做到卿相，我也不愿让你们去干。

兄弟第三

不讲节制生育的时候，一对夫妻往往生好几个孩子，在封建社会尤其如此，因而兄弟之间如何相处，自然也成为《家训》的一个内容。加之当时的门阀士族喜欢维持大家庭，兄弟成家后仍多住在一起，要相处得好就更不容易。这里所说的，在今天看来还多少有些道理，某些地方仍可资借鉴。

夫有人民而后有夫妇，有夫妇而后有父子，有父子而后有兄弟，一家之亲，此三而已矣。自兹以往，至于九族①，皆本于三亲焉，故于人伦为重者也，不可不笃②。

【注释】

① 九族：从自身算起，加上以上的父、祖、曾祖、高祖，以下的子、孙、曾孙、玄孙一共九代叫九族；另一种算法是父族四、母族三、妻族二，合成九族。② 笃：诚笃，忠实，这里是认真对待的意思。

兄弟者，分形连气之人也①。方其幼也，父母左提右挈②，前襟后裾③，食则同案④，衣则传服⑤，学则连业⑥，游则共方⑦，虽有悖乱之人⑧，不能不相爱也。及其壮也⑨，各妻其妻，各子其子，虽有笃厚之人，不能不少衰也。娣姒之比兄弟⑩，则疏薄矣⑪。今使疏薄之人，而节量亲厚之恩⑫，犹方底而圆盖，必不合矣。惟友悌深至⑬，不为旁人之所移者免夫⑭！

【注释】

① 分形连气：分形，指兄弟形体分开，不是一个人。连气，也称同气，指兄弟为同父母所生，至少是同一父所生，气质相同相连，这“同气”一词还常作兄弟的代称。② 挈（qiè）：提携。③ 襟（jīn）：古人穿长衣，衣的前幅叫襟。裾（jū）：衣的后幅。④ 案：我国宋以前盛放饮器的木制长盘，有短足，类似当时作桌子用的几而更轻小。⑤ 传服：有兄弟的人家，哥哥长大穿不下的衣服可留给弟弟穿，现代社会仍是如此，当时则称之为“传服”。⑥ 连业：业，先秦时本指书写经典的大版，所以老师教学生经典叫“授业”，学生向老师学经典叫“受业”，这里的连业，指兄弟共用一个课本，尽管颜之推时写书早已用纸而不用业了。⑦ 共方：方，就是“常”，指常去之处。共方，去同一个地方。⑧ 悖（bèi）乱：荒谬胡来。⑨ 壮：进入壮年，古人以三十岁为壮。⑩ 娣姒（dì sì）：古人称兄妻为娣，弟妻为姒，后来也称为“妯娌”（zhóu lǐ）。⑪ 疏：疏远。薄：淡薄，欠亲密。⑫ 节量：节制度量，掌握，如该十分亲热，还是只需半冷半热之类。⑬ 友：兄弟互相敬爱。悌（tì）：敬爱兄长。

⑭ 旁人：指妻。

二亲既殁①，兄弟相顾，当如形之与影，声之与响②，爱先人之遗体③，惜己身之分气④，非兄弟何念哉？兄弟之际，异于他人，望深则易怨⑤，地亲则易弭⑥。譬犹居室，一穴则塞之，一隙则涂之，则无颓毁之虑；如雀鼠之不恤⑦，风雨之不防，壁陷楹沦⑧，无可救矣。仆妾之为雀鼠，妻子之为风雨，甚哉！

【注释】

① 殁(mò)：死亡。② 响：这里指回声。③ 先人之遗体：先人，指已死亡的父母，遗体，通常解释为死者的躯体。但这里的"先人之遗体"，不能解释为父母死后的躯体，而是指兄弟，因为兄弟是父母所生，等于从父母身上分离出来的，所以这么说(有时这"先人之遗体"也指自身，因为自身也是从父母身上分离出来的)。④ 己身之分气：指兄弟，因为自身和兄弟是"连气"即"同气"，也可讲作同一气所分，所以说兄弟是"己身之分气"。⑤ 望深：期望深，也就是要求高。⑥ 弭(mǐ)：消除，平息(多指消除隔阂，平息纷争等)。⑦ 雀鼠：《诗·召南·行露》有"谁谓雀无角，何以穿我屋"，"谁谓鼠无牙，何以穿我墉"的句子，所以这里把雀和鼠作为毁坏居室的代表动物。恤(xù)：忧虑。⑧ 楹(yíng)：厅堂前部的柱子。沦(lún)：本是没落的意思，这里只能解释成摧折。

兄弟不睦①，则子侄不爱；子侄不爱，则群从疏薄②；群从疏薄，则僮仆为仇敌矣。如此，则行路皆踖其面而蹈其心③，谁救之哉？人或交天下之士皆有欢爱而失敬于兄者，何其能多而不能少也④；人或将数万之师得其死力而失恩于弟者，何其能疏而不能亲也⑤！

【注释】

① 睦（mù）：和睦。② 群从（cóng）：族里的子侄辈。③ 行路：行路之人，毫不相干的陌生人。踖（jí）：践踏。蹈（dǎo）：踩上。④ 能多：指“能交天下之士皆有欢爱”，天下之士为数多。不能少：指“失敬于兄”，兄为数少。⑤ 能疏：指“将数万之师得其死力”，数万之师和己疏。不能亲：指“失恩于弟”，弟和己亲。

娣姒者，多争之地也。使骨肉居之①，亦不若各归四海②，感霜露而相思③，伫日月之相望也④。况以行路之人⑤，处多争之地，能无间者鲜矣⑥。所以然者，以其当公务而执私情⑦，处重责而怀薄义也。若能恕己而行⑧，换子而抚，则此患不生矣。

人之事兄，不可同于事父，何怨爱弟不及爱子乎⑨？是反照而不明也⑩！

……

【注释】

① 骨肉居之：指亲姊妹成为娣姒。② 各归四海：四

海，泛指国内各个地方。各归四海即俗话离得远一点。③ 感霜露而相思：《诗·秦风·蒹葭（jiān jiā）》有“蒹葭苍苍，白露为霜，所谓伊人，在水一方”的句子，因此这里说“感霜露而相思”。④ 伫（zhù）日月之相望：伫，久立而等待。伫日月之相望，是说等待相会的日子。⑤ 行路之人：指做娣姒的本来素不相识，等于行路的陌生人。⑥ 间（jiàn）：本指空隙，这里引申为嫌隙。⑦ 当公务：指兄弟同居的大家庭办事。执私情：指娣姒各顾自己的小家室。⑧ 恕（shù）：宽宥，原谅。⑨ 怨爱弟不及爱子：这是指为弟的怨兄爱弟比不上爱子。⑩ 反照：对着镜子照看，这里指把“事兄不同事父”和“爱弟不及爱子”对看。

【翻译】

有了人而后有夫妇，有了夫妇而后有父子，有了父子而后有兄弟，一个家庭里的亲人，就这三种关系。由此类推，直推到九族，都是原本于这三种亲属关系，所以在人伦中极为重要，不能不认真对待。兄弟，是形体虽分而气质相连的人。当他们幼小的时候，父母左手提右手携，拉前襟扯后裾，吃饭同案，衣服递穿，学习用同一册课本，游玩去同一处地方，纵使有荒谬胡来的，也不可能不相爱。等到进入壮年，各有各的妻，各有各的子，纵使是诚笃厚道的，也不可能不打折扣。至于娣姒比起兄弟来，就更疏远欠亲密了。如今让这种疏远欠亲密的人来掌握亲厚不亲厚，就好比方的底座要加个圆盖，必然合不拢了。这种情况只有十分友悌，不被旁人所动摇的才能避免出现啊！

双亲已经去世，剩下兄弟相对，应该既像形和影，又像声和响，爱护先人的遗体，顾惜自身的分气，除了兄弟还能恋念谁呢？兄弟之间，和他人可不一样，要求高就容易互相埋怨，而关系亲也容易消除隔阂。譬如住的房屋，出现了一个洞就堵塞，出现了一条缝就填补，就不会有倒塌的危险；如果有了雀鼠也不忧虑，刮风下雨也不防御，那就墙崩柱摧，无从挽回了。仆妾比那雀鼠，妻子比那风雨，怕还更厉害吧！

兄弟不和睦，子侄就不相爱；子侄不相爱，族里的子侄辈就疏远欠亲密；族里的子侄辈疏远不亲密，那僮仆就成仇敌了。这样，即使走在路上的陌生人都会踏他的脸踩他的心，还有谁来救他啊？世人中有的能结交天下之士并做到欢爱却对兄长不尊敬的，这怎么能多而不能少啊；世人中又有能统率几万大军并得其死力却对弟弟不恩爱的，又怎么能疏而不能亲啊！

娣姒之间，纠纷最多。即使骨肉成为娣姒，也不如离得远一点，好感受霜露而相思，等待日子来相会。何况本像走在路上的陌生人，却处在多纠纷之地，能做到不生嫌隙的实在太少了。所以会这样，是因为办的是大家的公事，却都要顾自己的私利，担子虽重却少讲道义。如果能使自己讲恕道原谅对方，把对方的孩子像自己的那样爱抚，那这类灾祸就不会发生了。

人的侍奉兄长，不应等同于侍奉父亲，那为什么埋怨兄长爱弟弟不如爱儿子呢？这就是没有把这两件事对照起来看明白啊！

……

后娶第四

夫妻俩很少同时死亡,这就出现夫或妻死亡后活着的该不该再婚,以及再婚后如何对待非亲生子女等问题。在古代这类问题同样存在,为此颜之推在《家训》里写了《教子》《兄弟》之后就要写这个题目。只是因为父系社会以男性为主,男的结婚叫娶,女的结婚叫嫁,所以这个题目叫《后娶》而已。

吉甫,贤父也。伯奇,孝子也。以贤父御孝子,合得终于天性,而后妻间之,伯奇遂放①。曾参妇死②,谓其子曰:"吾不及吉甫,汝不及伯奇。"王骏丧妻③,亦谓人曰:"我不及曾参,子不如华、元④。"并终身不娶。此等足以为诫。其后假继惨虐孤遗⑤,离间骨肉⑥,伤心断肠者何可胜数⑦。慎之哉!慎之哉!

【注释】

① 吉甫……遂放:尹吉甫是周宣王时大臣,伯奇是他的儿子,传说伯奇母死,尹吉甫娶后妻不贤,对尹吉甫说:"伯奇见妾美,有邪念。"尹吉甫不信,这后妻就弄个蜂放在

衣领上,叫伯奇替她捉,尹吉甫远看误认为伯奇行动不规,把他放逐出去,见《琴操·履霜操》。② 曾参(shēn):春秋末年人,孔子的学生,以孝著称。③ 王骏:西汉成帝时大臣,传附见《汉书·王吉传》。④ 华、元:曾华、曾元,曾参的两个儿子,曾华一作曾申。⑤ 假继:假母、继母,都是后母的意思。孤遗:前妻留下的孩子,因为已失去生母,所以也可称"孤"。⑥ 离间骨肉:这里是指后母挑拨前妻之子和其生父使之不睦。⑦ 断肠:形容极其悲痛。胜数:数得清。

江左不讳庶孽①,丧室之后②,多以妾媵终家事③。疥癣蚊虻④,或未能免;限以大分⑤,故稀斗阋之耻⑥。河北鄙于侧生⑦,不预人流⑧,是以必须重娶,至于三四,母年有少于子者。后母之弟与前妇之兄⑨,衣服饮食爰及婚宦⑩,至于士庶贵贱之隔⑪,俗以为常。身没之后⑫,辞讼盈公门⑬,谤辱彰道路⑭,子诬母为妾⑮,弟黜兄为佣⑯,播扬先人之辞迹⑰,暴露祖考之长短⑱,以求直己者⑲,往往而有,悲夫!自古奸臣佞妾⑳,以一言陷人者众矣,况夫妇之义㉑,晓夕移之㉒,婢仆求容㉓,助相说引㉔,积年累月㉕,安有孝子乎?此不可不畏。

【注释】

① 江左:即江东,狭义的指长江在芜湖以下的南岸地区,因为芜湖以下长江是东北流向而古代在地理上以东为左,西为右,所以既称江东又称江左。又因东晋及南朝的

根据地都在江东即江左，所以也把这几朝所辖全部地区称为江东、江左，这是广义的说法。这里的江左是广义说法。庶孽：旧时代把非正妻而为婢妾等所生之子叫庶孽。② 室：本指家室，因为正妻主持家室，也把正妻称为室或正室。③ 妾媵(yìng)：春秋时诸侯之女出嫁，必须有宗室之妹及侄女等陪嫁，叫妾媵，也叫媵，后来广义的妾媵则成为正妻以外婢妾等的通称。终：本指终了、结束，这里是继续管下去的意思。④ 疥(jiè)癣(xuǎn)蚊虻(méng)：疥是疥虫引起的疥疮，癣是癣菌引起的各种癣，都是不致命的皮肤病。虻是吸家畜血的小昆虫，和蚊虽都有害但终不成大患。这里的疥癣蚊虻是引申来指无关紧要容易处理好的细小纠纷。⑤ 大分(fèn)：这"分"即名分，即名位及其应守的职分，大分即重大的名分，这里指妻和妾媵名分不同，所以妾媵即使主持家事后也比较本分，不致闹大的纠纷。⑥ 耻：这里指可耻的事情，太不像话的事情。⑦ 侧生：旧时代把不是正妻而系婢妾等所生之子叫"侧生"，也就是"庶生"。⑧ 预：参预，进入。人流：正常的有身份的人的行列。⑨ 后母之弟：后母所生之子，对前母所生之子来说是弟。前妇之兄：前母所生之子，对后母所生之子来说是兄。⑩ 爰及：以及。婚宦：婚姻和仕宦，在门阀时代，士族的婚姻包括娶妇嫁女必须也找士族，士族的仕宦做官也必须做清贵的官，非士族则婚既不能找士族，宦也不能历清贵，这婚和宦在当时是决不能马虎的两件大事。⑪ 士庶：士族和庶族。当时士族和庶族不能通婚，士族一上来就可做清贵官而庶族一辈子也做不上清贵官。⑫ 没：通"殁"，死亡。⑬ 辞讼：也作"词讼"，诉讼。公门：官署、衙门。⑭ 彰：昭彰，公开。⑮ 子：这里指前妻之子。母：这里指后母。⑯ 弟：这里指后母之子。黜(chù)：贬斥。兄：这里指前妻之子。佣：佣保，雇佣的仆役。⑰ 辞：言语。迹：字迹。⑱ 祖考：已去世之父叫考，祖考，指已去世之祖。长短：是非，好坏。⑲ 直己：直本指伸直，直己，就是使自己有理。⑳ 佞(nìng)：用花言巧语谄媚他人。㉑ 义：这里指情义。㉒ 移：改变，动摇。㉓ 容：欢悦。㉔ 说(shuì)：劝说别人使相信自己的话。引：引诱。㉕ 积年累月：指日子久了。

凡庸之性，后夫多宠前夫之孤①，后妻必虐前妻之子。非唯妇人怀嫉妒之情②，丈夫有沉惑之僻③，亦事势使之然也。前夫之孤，不敢与我子争家，提携鞠养，积习生爱④，故宠之；前妻之子，每居己生之上，宦学婚嫁⑤，莫不为防焉，故虐之。异姓宠则父母被怨⑥，继亲虐则兄弟为仇⑦，家有此者，皆门户之祸也⑧。

……

【注释】

① 后夫：妇女再婚的新夫叫后夫。前夫之孤：再婚妇女原先的丈夫叫前夫，当时一般丈夫死了妇女才再婚，所以把和前夫生的孩子叫孤，孤本是用来称呼无父之子。② 嫉(jí)妒：妒忌。③ 沉惑：沉迷，这里指丈夫沉迷于妻的美色。僻：不正的行为。④ 积习：日久相承的习惯。⑤ 宦学：这宦指做官，学指学业。⑥ 异姓：指前夫之子，因姓前夫之姓所以叫“异姓”。⑦ 继亲：指继母，即后母。⑧ 门户：

家门，家庭。

【翻译】

吉甫，是贤父。伯奇，是孝子。以贤父来对待孝子，应该能够一直保有父子间慈孝的天性，可后妻离间，伯奇就被放逐。曾参的妻死去，他对他的儿子说："我比不上吉甫，你也比不上伯奇。"王骏的妻死去，他也对人说："我比不上曾参，我的儿子比不上曾华、曾元。"两位后来都终身没有再娶。这些都足以引为鉴戒。后世那些做后母的虐待孤儿，离间骨肉，弄得伤心断肠的多得数不清。对此要小心啊！对此要小心啊！

江左不避忌庶孽，妻死以后，多由妾媵把家事管下去。细小的纠纷，有时固未能免除；但限于名分，斗殴争吵等太不像话的事情就很少见。河北鄙视庶出，不让庶出的进入有身份人的行列，所以必须重娶，甚至重娶三四次，后母年龄有时比大的儿子还小。后母生的弟弟和前妇生的兄长，在衣服饮食以及婚姻仕宦上的差异，甚至像有士庶贵贱之间隔，而世俗对此习以为常。到本人死亡之后，家里的人为诉讼跑穿了公门，把诽谤污辱的话说到大路上，前妻之子诬蔑后母为妾，后母之子贬斥前妻之子为佣。宣扬先人的言语字迹，暴露祖考的是非好坏，使自己变得很有理似的，常常可以见到，真可悲啊！从古以来的奸臣佞妾，用一句话来害人的多得很呢。何况凭夫妇的情义，早晚想办法来改变男人的心意，而婢仆为了讨主子的欢心，帮着劝说引诱，积年累月，怎还有孝子呢？对此不可以不畏惧。

庸俗人的习性，后夫多数宠爱前夫的孤儿，后妻必定虐待前妻的孩子。这不仅由于妇人心怀妒忌，丈夫沉迷女色，也是事势促使如此。前夫的孤儿，不敢和我的孩子争夺家业，我把他提携抚养，日久习惯生爱，因而宠他；前妻的孩子，常常居于自己所生孩子之上，无论仕宦学业婚姻嫁娶，没有不需防范的，因而虐待他。异姓之子受宠则父母遭怨恨，后母虐待前妻之子则兄弟成仇敌，家里有这类事情，都是门户的祸害。

……

治家第五

怎样把家管好，在今天仍是一大问题，古人对此自更感烦难。颜之推在这《治家》篇里提出应宽猛结合，应“施而不奢，俭而不吝”，以及不应让夫人干政，不应杀害女婴，不应买卖婚姻，不应损坏书籍，不应相信巫术等等，在当时确很有识见，即便在今天看来也多可取。至于言词中没有把夫妻放在对等地位，则是妇女没有获得彻底解放前男人思想上的通病，这种通病今天仍多少存在，不必苛责古人。

夫风化者①，自上而行于下者也，自先而施于后者也。是以父不慈则子不孝，兄不友则弟不恭，夫不义则妇不顺矣。父慈而子逆，兄友而弟傲②，夫义而妇陵③，则天之凶民，乃刑戮之所摄④，非训导之所移也。

笞怒废于家⑤，则竖子之过立见⑥；刑罚不中，则民无所措手足⑦。治家之宽猛，亦犹国焉。

【注释】

① 风化：这里是教化即教育感化的意思。② 傲：轻

慢，傲慢。③ 陵：以下侮上。④ 戮(lù路)：杀。摄：通“慑”，使之畏惧。⑤ 废：不用，没有这么做。⑥ 竖(shù)子：童仆。⑦ 刑罚……手足：见于《论语·子路》。中(zhòng)：合适，确当。措：安放。意思是滥施刑罚，使民动辄得咎，不知如何举动才好。

孔子曰[①]：“奢则不孙[②]，俭则固[③]。与其不孙也，宁固。”又云[④]：“如有周公之才之美[⑤]，使骄且吝，其余不足观也已[⑥]。”然则可俭而不可吝已。俭者，省约为礼之谓也；吝者，穷急不恤之谓也。今有施则奢，俭则吝。如能施而不奢，俭而不吝，可矣。

【注释】

① 孔子曰：见于《论语·述而》。② 孙：同“逊”，逊让。③ 固：固陋，固塞鄙陋，识见短浅。④ 又云：见于《论语·泰伯》。⑤ 周公：周武王之弟周公旦，辅佐周成王灭掉殷商残余势力，相传是位多才多艺的圣人。⑥ 其余：指骄和吝以外的那点才。不足观：不值得称道。已：用来表确定的语气。

生民之本[①]，要当稼穑而食[②]，桑麻以衣[③]。蔬果之畜，园场之所产；鸡豚之善[④]，埘圈之所生[⑤]。爰及栋宇器械[⑥]，樵苏脂烛[⑦]，莫非种殖之物也[⑧]。至能守其业者，闭门而为生之具以足[⑨]，但家无盐井耳[⑩]。今

北土风俗，率能躬俭节用，以赡衣食⑪。江南奢侈⑫，多不逮焉。

【注释】

① 生民：人民，人生。② 稼：播种谷物。穑(sè)：收获谷物。③ 桑麻以衣：古代黄河流域和长江流域还不知道种棉花、织棉布，而是种桑养蚕织绢帛给富贵人做衣服，种麻织麻布给普通人做衣服，元朝以后种棉花、织棉布才在长江以至黄河流域逐渐普及。④ 豚(tún)：本指小猪，这里泛指猪。善：通"膳"。⑤ 埘(shí)：墙壁上挖洞做成的鸡窠。圈(juàn)：畜栏，猪羊的圈。⑥ 栋宇：房屋的正梁，栋宇即房屋。械：用具。⑦ 樵苏：本指打柴割草以充燃料，这里应解释为充燃料的柴草。脂烛：用油脂做的蜡烛。⑧ 殖：通"植"。⑨ 为生之具：治生之具，生活必需的东西。⑩ 盐井：食盐有海盐、池盐、岩盐、井盐之分，井盐产于盐井，这里说"家无盐井"，即是不能产盐之意。⑪ 赡(shàn)：供给。⑫ 江南：长江以南的泛称，和江左一词常互用。

……

世间名士①，但务宽仁，至于饮食饷馈②，僮仆减损；施惠然诺，妻子节量，狎侮宾客③，侵耗乡党④：此亦为家之巨蠹矣⑤。

【注释】

① 名士：知名的文士。② 饷：用食物款待。馈(kuì)：

用食物赠送。③ 宾客：客人，也指南北朝时依附在世家大族门下的人。④ 侵耗(hào)：侵是侵蚀，耗是损耗。侵耗，就是刻剥。乡党：乡里，乡邻。⑤ 蠹(dù)：本指蛀虫，引伸为侵蚀国或家的人和事。

……

裴子野有疏亲故属饥寒不能自济者①，皆收养之。家素清贫，时逢水旱，二石米为薄粥②，仅得遍焉，躬自同之，常无厌色。邺下有一领军③，贪积已甚，家童八百，誓满一千，朝夕每人肴膳④，以十五钱为率⑤，遇有客旅⑥，更无以兼。后坐事伏法⑦，籍其家产⑧，麻鞋一屋，弊衣数库，其余财宝，不可胜言。南阳有人⑨，为生奥博⑩，性殊俭吝。冬至后女婿谒之⑪，乃设一铜瓯酒⑫，数脔獐肉⑬，婿恨其单率⑭，一举尽之，主人愕然⑮，俯仰命益⑯，如此者再，退而责其女曰："某郎好酒⑰，故汝常贫。"及其死后，诸子争财，兄遂杀弟。

【注释】

① 裴子野：南朝萧梁文士，注《三国志》的裴松之的曾孙，以孝行著称，传见《梁书》。② 石：容量单位，十斗为一石。③ 邺(yè)下：邺，在今河南临漳，北齐的都城。魏晋南北朝时常称建都之地为"某下"，称邺为"邺下"即其一例。领军，领军大将军的省称，北部中央的高级武官。这里指鲜卑人厍(shè)狄伏连，事见《北齐书·慕容俨传》。④ 肴(yáo)膳：肴，本专指荤菜，这里的肴膳通指饭菜。⑤ 率

(lǜ):标准。⑥ 客旅:前来投靠或路过的宾客。⑦ 坐事:因事,指因事被判罪的“因事”。伏法:因犯法被处死刑。⑧ 籍:籍没,登记并没收财产。⑨ 南阳:郡名,治所宛县,即今河南南阳。⑩ 奥博:深藏广蓄。⑪ 冬至:二十四节气之一,在阳历的十二月二十一日至二十三日,北半球在这时开始进入冬季。⑫ 瓯:本指盆盂一类的瓦器,这里指酒器。⑬ 脔(luán):切成块的肉。獐(zhāng):鹿科动物,肉可食。⑭ 单率:单薄简率,不丰盛。⑮ 主人:指这个南阳人。愕(è)然:陡然一惊。⑯ 俯仰:随宜应付。益:增添。⑰ 郎:旧社会称富贵人家的男青年为“郎”,犹后来之称为“少爷”。

妇主中馈[①],惟事酒食衣服之礼耳[②],国不可使预政,家不可使干蛊[③]。如有聪明才智,识达古今,正当辅佐君子[④],助其不足。必无牝鸡晨鸣[⑤],以致祸也。

【注释】

① 中馈:家庭里的饮食之事。② 事:从事。③ 干蛊(gǔ):通常称子能承担父所不能胜任之事为“干蛊”,但这里只是干事情的意思,蛊用在这里只是事情的意思。④ 君子:这里指妇女的丈夫。⑤ 牝(pìn)鸡晨鸣:《书 · 牧誓》有“牝鸡无晨,牝鸡之晨,惟家之索”的话,牝鸡即母鸡,说母鸡本不会在早晨啼叫的,如果母鸡早晨啼叫,这个家就将萧条下去了。这个典故通常被用来否定妇女掌权,认为妇女掌权定会坏事。

江东妇女，略无交游，其婚姻之家，或十数年间未相识者，惟以信命赠遗[①]，致殷勤焉[②]。邺下风俗，专以妇持门户，争讼曲直，造请逢迎[③]，车乘填街衢[④]，绮罗盈府寺[⑤]，代子求官，为夫诉屈，此乃恒代之遗风乎[⑥]？南间贫素[⑦]，皆事外饰[⑧]，车乘衣服，必贵整齐，家人妻子，不免饥寒。河北人事[⑨]，多由内政[⑩]，绮罗金翠[⑪]，不可废阙[⑫]，羸马悴奴[⑬]，仅充而已[⑭]，倡和之礼[⑮]，或尔汝之[⑯]。

【注释】

① 信命：古时多称使者为“信”，“信命”就是派人传达音信的意思。遗（wèi）：赠送。② 殷勤：情意恳切深厚。③ 造：前往。请：谒见。逢迎：迎接。④ 车乘（shèng）：古时一辆车配上四匹拉的马叫一乘，车乘，就是马拉的车，这里指北齐贵族妇女所坐的车。衢（qú）：四通八达的道路。⑤ 绮（qǐ）罗：有花纹的高级丝织品，这里指穿着绮罗的贵族妇女。府寺：府和寺，都是古代官署的名称，这里指北齐的政府机关。⑥ 恒代之遗风：北魏本来建都平城，在今山西大同，当时属恒州代郡管辖。这里说“恒代之遗风”，就指北魏以来的旧习俗。⑦ 南间：南方，指南北朝的南朝地区。贫素：家世清贫的人。⑧ 外饰：外表的修饰。⑨ 河北：当时地理上的习惯用语，指今河北省和河南、山东两省的古黄河以北的地区。人事：交际应酬。⑩ 内政：本指内部事务都是妇女主持，因而这里用“内政”来指主持家务的妇女。⑪ 金翠：金是黄金，翠是一种绿色的宝石，金翠就指用这类贵重物品制成的妇女饰物。⑫ 阙（quē）：通“缺”。⑬ 羸（léi）：瘦，弱。悴（cuì）：憔悴。⑭ 充：充数。

⑮ 倡和：在这里即“倡随”，也就是所谓“夫倡妇随”，指夫妇间交谈。⑯ 尔汝之：夫妇间交谈中以“尔”“汝”相称，这在封建社会的富贵人家本是认为不敬的，但当时河北的贵族家庭中并不拘泥于此。

河北妇人，织纴组紃之事[①]，黼黻锦绣罗绮之工[②]，大优于江东也。

太公曰[③]：“养女太多，一费也。”陈蕃曰[④]：“盗不过五女之门[⑤]。”女之为累，亦以深矣。然天生蒸民[⑥]，先人传体，其如之何？世人多不举女[⑦]，贼行骨肉[⑧]，岂当如此而望福于天乎？吾有疏亲，家饶妓媵[⑨]，诞育将及[⑩]，便遣阍竖守之[⑪]，体有不安[⑫]，窥窗倚户，若生女者，辄持将去[⑬]，母随号泣，使人不忍闻也。

【注释】

① 织纴(rèn)组紃(xún)：见于《礼记·内则》。纴也作“纫”，是纺织，组是用丝织成薄而阔的带子，紃是用丝织成像绳的带子，总起来指编制丝织品。② 黼黻(fǔ fú)锦绣罗绮：黼黻是古代礼服上所绣的花纹，这“黼黻锦绣罗绮”指绣制衣服。③ 太公曰：这话见于《太平御览》卷四八五所引《六韬》，《六韬》此书传为助周灭纣的姜太公所撰作，其实是后人依托。④ 陈蕃曰：陈蕃是后汉末年的名士大臣，这话见于《后汉书·陈蕃传》，是陈蕃上疏中引用的俗谚。⑤ 盗不过五女之门：意思是有了女儿长大后要操办嫁妆，多至五个女儿则家必被弄穷，连盗贼都不愿来光顾。⑥ 天生蒸民：见于《诗·大雅·

荡》，蒸是众多的意思。⑦ 举：抚养。⑧ 贼：残害。行：施加于。⑨ 饶：富有，多。妓：指家妓，和婢、妾地位差不多。⑩ 诞(dàn)：在先秦古籍中本是大的意思，后人误称生育为“诞”。⑪ 阍(hūn)：守门人。⑫ 体有不安：身体不舒服，这里指妇女临产。⑬ 辄(zhé)：即。持将去：指把女婴拿去弄死。

妇人之性，率宠子婿而虐儿妇，宠婿则兄弟之怨生焉①，虐妇则姊妹之谗行焉②。然则女之行留皆得罪于其家者③，母实为之。至有谚曰：“落索阿姑餐④。”此其相报也。家之常弊，可不诫哉！

婚姻素对⑤，靖侯成规⑥。近世嫁娶，遂有卖女纳财⑦，买妇输绢⑧，比量父祖⑨，计较锱铢⑩，责多还少⑪，市井无异⑫。或猥婿在门⑬，或傲妇擅室⑭，贪荣求利，反招羞耻，可不慎欤？

【注释】

① 兄弟：指女儿的兄弟。② 姊妹：指儿子的姊妹。③ 女之行留，皆得罪于其家：行，指女儿出嫁，出嫁后为其夫之母所虐。留，指娶进儿媳妇，又为此儿之母所虐。④ 落索阿姑餐：阿姑，夫之母。落索，冷落萧索，这句话的意思是儿媳妇对夫之母报复，把极恶劣的饭给她吃。⑤ 素：寒素。对：配对，婚姻“门当户对”的“对”。⑥ 靖侯成规：靖侯是颜之推的九世祖颜含，东晋时人，权臣桓温要和他家论婚娶，为他所拒绝，靖侯是他死后的谥，传见《晋书》。成规：等于说立下的规矩。本书《止足》篇：“靖侯戒子侄曰：‘婚姻勿贪势家。’”⑦ 卖女纳财：

指嫁女收受财礼，等于卖出。⑧ 买妇输绢：指娶儿媳妇要给对方财礼，等于买进。输，送达。绢，在当时也是货币，直到唐代还是钱和绢并用。⑨ 比量父祖：比较评量父、祖上代的官爵，因为当时还是门阀的时代，婚姻要选择高门士族。⑩ 计较锱铢(zī zhū)：锱、铢都是古代的重量单位，六铢合一锱，四锱才合一两，因而称计较微小的钱财者为"计较锱铢"、"锱铢必较"。⑪ 责：责求，索取。还：回报，偿还。⑫ 市井：古代用来做买卖的地方，这里指做买卖。⑬ 猥：卑猥，下流。⑭ 擅：专擅，操纵。

借人典籍，皆须爱护，先有缺坏，就为补治，此亦士大夫百行之一也[①]。济阳江禄[②]，读书未竟，虽有急速，必待卷束整齐[③]，然后得起[④]，故无损败，人不厌其求假焉[⑤]。或有狼籍几案[⑥]，分散部帙[⑦]，多为童幼婢妾之所点污[⑧]，风雨虫鼠之所毁伤，实为累德[⑨]。吾每读圣人之书，未尝不肃敬对之。其故纸有《五经》词义及贤达姓名[⑩]，不敢秽用也[⑪]。

吾家巫觋祷请[⑫]，绝于言议；符书章醮[⑬]，亦无祈焉：并汝曹所见也，勿为妖妄之费。

【注释】

① 百行(xíng)：封建社会士大夫要求自己做到的多种好的行为。② 济阳：县名，在今河南兰考东北。江禄：南朝萧梁的文人，传附见《南史·江夷传》。③ 卷束：当时的书本都作卷轴形式，读过收拾必须卷好并束起来。折叠式书籍如旋风叶

是晚唐才出现的。④ 起：我国在晚唐以前通行跪坐，跪坐在席上或麻上，有事情得起身。⑤ 厌：厌烦，讨厌。假：借。⑥ 狼籍：也写作“狼藉”，纵横散乱貌。几：跪坐时放在席首前或床前，如同后来椅前要放桌子。案：和几相似，但较小且轻巧。⑦ 部帙(zhì)：部，本指门类，引伸后称一种书为一部书。帙，用细竹丝编成的包书卷用的书衣，一般十个卷轴包成一帙。⑧ 点污：弄脏。⑨ 累德：有损于道德。⑩《五经》：南北朝时通常以《周易》《尚书》《毛诗》《礼记》《春秋左传》为《五经》。贤达：有才德声望的人。⑪ 秽用：用在污秽的地方。⑫ 巫觋(xí 习)：巫是自言能与鬼神交往的人。在先秦时地位极高，秦汉以来地位大大降低，成为从事迷信活动以谋生的人，多数由妇女充任。觋，专指男巫。祷请：向鬼神祈祷请求。⑬ 符书：通称“符箓(lù)”，道教徒用墨笔或朱笔在纸上画成似字非字的图形，自言可以驱使鬼神、治病延年，其实都是骗人的。章醮(jiào)：醮，本是一种向神祈祷的祭祀，后来道教徒把给天曹上奏章作祈祷的活动叫做“章醮”。

【翻译】

风化这件事，是从上向下推行的，是从先向后施行的。所以父不慈就子不孝，兄不友就弟不恭，夫不义就妇不顺了。至于父虽慈而子要逆，兄虽友而弟要傲，夫虽义而妇要陵，那就是天生的凶恶之人，要用刑罚杀戮来使他畏惧，而不是训诲诱导之所能改造了。

家里没有人发怒、不用鞭打，那童仆的过失马上出现；刑罚用得不确当，那百姓就无所措其手足。治家的宽和猛，也好比治国一样。

孔子说:“奢了就不逊让,俭了就固陋。与其不逊让,宁可固陋。”又说:“如果有周公那样的才那样的美,但只要他既骄且吝,余下的也就不足观了。”这样说来是可以俭而不可以吝了。俭,是合乎礼的节省;吝,是对困难危急也不体恤。当今常有讲施舍就成为奢,讲节俭就入于吝。如果能够施而不奢,俭而不吝,那就很好了。

人生最根本的事情,是要播收谷物而食,种植桑麻而衣。所贮藏的蔬果,是果园场圃之所出产;所充膳的鸡猪,是鸡窝猪圈之所畜养。还有那房屋器具、柴草蜡烛,没有不是靠种植的东西来制造的。那种能保守家业的,可以关上门而生活必需品都够用,只是家里没有口盐井而已。如今北方的风俗,都能做到省俭节用,只要供给衣食就行。江南地方奢侈,多数比不上北方。

……

世上的名士,但图宽厚仁煦,却弄得待客馈送的饮食,被僮仆减损,允诺资助的东西,被妻子克扣,轻侮宾客,刻剥乡邻。这也是治家的大祸害。

……

裴子野有远亲故旧饥寒无力自救的,都收养下来。家里一向清贫,有时遇上水旱灾,用二石米煮成薄粥,勉强让大家都吃上,自己也亲自和大家一起吃,从没有厌倦的表示。邺下有个领军,贪欲积聚得实在够狠,家童已有了八百人,还发誓凑满一千,早晚每人的饭菜,以十五文钱为标准,遇上客人来,也不增加一些。后来犯事处死,籍没家产,麻鞋有一屋子,旧衣有几个库,其余的财宝,更多得说不完。南阳地方有个人,深藏广蓄,性极俭吝,冬至后女婿来看他,他给备下一铜瓯的酒，还有几块獐肉，女婿恨他太欠丰盛，一下子就吃尽喝光。这个人很吃惊，只好对付着添上一点，这样添过几次，回头责怪女儿说："某郎太爱喝酒，才弄得你老是贫穷。"等到他死后，几个儿子争夺遗产，因而发生了兄杀弟的事情。

妇女主持中馈，只从事酒食衣服并做得合礼而已，国不能让她过问大政，家不能让她干办正事。如果真有聪明才智，识见通达古今，也只应辅佐丈夫，对他够不到的作点帮助。一定不要来个牝鸡晨鸣，招致灾祸。

江东的妇女，很少对外交游，结成婚姻的亲家，有十几年还不相识的，只派人传命送礼，来表示殷勤。邺下的风俗，专门让妇女当家，争讼曲直，谒见迎候，驾车乘的填塞通路，穿罗绮的挤满官署，替儿子乞求官职，给丈夫诉说冤屈，这应是恒代的遗风吧？南方的贫素人家，都注意修饰外表，车乘衣服，一定讲究整齐，而家人妻子，反不免饥寒。河北交际应酬，多凭妇女，绮罗金翠，不能短少，而马匹瘦弱奴仆憔悴，勉强充数而已，夫妇交谈，有时"尔""汝"相称。

河北妇女，从事编织组纫的工作，制作黼黻锦绣罗绮的工巧，都大大胜过江东。

太公说："养女儿太多，是一种耗费。"陈蕃说："盗贼都不愿光顾有五个女儿的家门。"女儿之使人受害，也够深重了。但天生蒸民，又是先人的遗体，能对她怎么样呢？世人多有人生了女儿不养育，残害亲骨肉，这样岂能盼望上天降福吗？我有个远亲，家里有许多妓媵，将要生育，就派童仆守候着，临产时，看着窗子靠着门户，如果生了女婴，马上拿走，产妇随即号哭，真叫人不忍心听。

妇女习性，多宠爱女婿而虐待儿媳妇，宠爱女婿那女儿的兄弟就会生怨恨，虐待儿媳妇那儿子的姊妹就易进谗言。这样看来女的不论出嫁娶进都会得罪于家，都是为母的所造成。以至俗谚有道："落索阿姑餐。"说做儿媳妇的以此来相报复。这是家庭里常见的弊端，能不警诫吗！

婚姻要找寒素人家，这是当年靖侯的老规矩。近代嫁娶，就有收受财礼出卖女儿，输送绢帛买进儿媳妇，比量父祖，计较锱铢，索取多而回报少，和做买卖没有区别。以致有的门里弄来个下流女婿，有的屋里操纵于凶儿媳妇，贪荣求利，反而招来耻辱，能不审慎吗！

借人家的书籍，都得爱护，原先有缺失损坏，要给修补，这也是士大夫百行之一。济阳人江禄，每当读书未读完，即使有紧急事情，也要等卷束整齐，然后起身，因此书籍不会损坏，人家对他来求借不感到厌烦。有人把书籍在几案上乱丢，以致部帙分散，多被小孩婢妾弄脏，风雨虫鼠毁伤，这真有损道德。我每读圣人写下的书，从没有不严肃恭敬地相对。废旧纸上有《五经》文义和贤达姓名，也不敢用在污秽之处。

我们家里从来不讲巫觋祷请，也没有用符书章醮去祈求：这都是你们所见到的，切莫把钱花费在这些妖妄的事情上。

风操第六

所谓风操，是指士大夫家的风度节操。颜之推在这个题目下主要讲了三个问题：一个是避讳问题，一个是称谓问题，再一个是和丧事有关的问题。这些问题在魏晋南北朝的门阀士族中是极其讲究的，但进入唐代门阀士族解体以后，已很少受人重视了。这里把它选译出来，只是让读者知道当时曾经有过这些习俗而已。今天应另讲新的风操，这和当年这些习俗已没有什么继承关系了。

……

《礼》曰[①]："见似目瞿[②]，闻名心瞿[③]。"有所感触，恻怆心眼[④]，若在从容平常之地[⑤]，幸须申其情耳。必不可避，亦当忍之，犹如伯叔、兄弟，酷类先人，可得终身肠断与之绝耶[⑥]？又"临文不讳，庙中不讳，君所无私讳[⑦]"。盖知闻名须有消息[⑧]，不必期于颠沛而走也[⑨]。梁世谢举[⑩]，甚有声誉，闻讳必哭，为世所讥。又有臧逢世，臧严之子也[⑪]，笃学修行，不坠门风[⑫]，孝元经牧江州[⑬]，遣往建昌督事[⑭]，郡县民庶[⑮]，竞修笺书[⑯]，朝夕辐辏[⑰]，几案盈积，书有称"严寒"者，必对之流涕[⑱]，不省取记[19]，多废公事，物情怨骇[20]，竟以不办而还。此并过事也。

近在扬都[21]，有一士人讳审，而与沈氏交结周厚，沈与其书，名而不姓[22]，此非人情也。

【注释】

①《礼》曰：见于《礼记·杂记》。② 见似目瞿(jù)：瞿：吃惊，这是说看到容貌和父母相像的人就目惊。③ 闻名心瞿：这是说听到和父名相同时就心惊。④ 恻(cè)：凄怆，伤痛。怆(chuàng)：凄怆，伤悲。⑤ 从(cōng)容平常：正常情况。⑥ 肠断：极度悲痛的夸张词语。⑦ 临文……私讳：这见于《礼记·曲礼上》。讳，古人对君主及父祖尊长之名不能说，不能写，叫避讳。临文不讳，指做文章时用到本应避讳的字可以不避讳而写进去。庙中不讳，指在宗庙里祭祀时对被祭者的小辈可以称其名而不避讳。君所无私讳，指在君主面前不应避自己父祖的名讳。⑧ 闻名："闻名心瞿"的"闻名"。消息：斟酌，看情况办。⑨ 期：一定要。颠沛：倾跌，脚步忙乱不稳。⑩ 谢举：南朝萧梁文士，传见《梁书》。⑪ 臧严：萧梁文士，传见《梁书》。⑫ 坠：毁坏。门风：家风，家门的风习。⑬ 孝元经牧江州：孝元是梁元帝萧绎，他在梁武帝大同六年(540)出任使持节都督江州诸军事、镇南将军、江州刺史。经牧，经略治理，也就是任刺史的意思。江州，治所湓口在今江西九江。⑭ 建昌：江州的属县，在今九江、南昌之间。⑮ 民庶：民在这里泛指居民，庶则指没有官爵的人。⑯ 修：撰写。笺(jiān)：书信。⑰ 辐辏(fú còu)：本指车辐凑集于毂上，用来比喻人或物集聚。⑱ 书有……流涕：臧逢世因为父名严，所以见到写有"严

寒”的书信就对之流涕。⑲ 不省(xǐng):不察看,不检查。记:书信,这里指写书信,写回信。⑳ 物情:人情:人心。㉑ 扬都:指东晋南朝的京城建康,旧名建邺,即今江苏南京。因为它又是扬州的治所,所以也称扬都。㉒ 名而不姓:署上自己的名而不写姓沈,因为“沈”“审”同音,写上“沈”字就犯了对方的讳。

……

昔侯霸之子孙[1],称其祖父曰家公;陈思王称其父为家父[2],母为家母;潘尼称其祖曰家祖[3]:古人之所行,今人之所笑也。今南北风俗,言其祖及二亲,无云“家”者,田里猥人,方有此言耳[4]。凡与人言,言己世父[5],以次第称之[6],不云“家”者,以尊于父,不敢“家”也[7]。凡言姑、姊妹、女子子[8],已嫁则以夫氏称之,在室则以次第称之[9],言礼成他族,不得云“家”也。子孙不得称“家”者,轻略之也[10]。蔡邕书集呼其姑、姊为家姑、家姊[11],班固书集亦云家孙[12],今并不行也。

凡与人言,称彼祖父母、世父母、父母及长姑[13],皆加“尊”字,自叔父母已下,则加“贤”字,尊卑之差也。王羲之书[14],称彼之母与自称己母同,不云“尊”字,今所非也。

【注释】

① 侯霸:东汉时人,官至大司徒,传见《后汉书》。② 陈思王:三国曹魏大文学家曹植,封为陈王,死后谥为

思，人称陈思王，传见《三国志》。③ 潘尼：西晋时文学家，传附见《晋书·潘岳传》。④ 今南北……言耳：后世已常称自己的祖父为家祖，父为家父，母为家母，把所谓"田里猥（wěi）人"之言变成为通行的雅称。田里，即农村里。猥人，卑贱的人。⑤ 世父：伯父。⑥ 次第：排行。⑦ 不云……"家"也：因为伯父尊于父，不能算作小家庭里人，所以不好加上"家"字称家世父。⑧ 女子子：女性的孩子，女儿。⑨ 在室：女子未出嫁叫在室。⑩ 轻略：不重视，忽略。⑪ 蔡邕（yōng）：东汉末文学家，传见《后汉书》。⑫ 班固：东汉初文学家、史学家，《汉书》的撰写者，传附见《后汉书·班彪传》。⑬ 世父母：伯父和伯母。长姑：父之姊。⑭ 王羲之：东晋时大书法家，传见《晋书》。

……

昔者，王侯自称孤、寡、不穀。自兹以降，虽孔子圣师，与门人言皆称名也①。后虽有臣、仆之称，行者盖亦寡焉。江南轻重各有谓号②，具诸《书仪》③。北人多称名者，乃古之遗风。吾善其称名焉。

【注释】

① 门人：弟子、学生。② 轻重：指礼仪轻重。谓号：称谓。③《书仪》：记述礼节的书，在当时称为《书仪》。《隋书·经籍志》里收录了好几个人撰写的《书仪》，后来都失传了。

……

古人皆呼伯父、叔父，而今世多单呼伯、叔。从父兄弟姊妹已孤①，而对其前呼其母为伯叔母，此不可避者也。兄弟之子已孤，与他人言，对孤者前呼为兄子、弟子，颇为不忍，北土人多呼为侄②。案《尔雅》《丧服经》《左传》侄虽名通男女③，并是对姑之称，晋世以来，始呼叔侄。今呼为侄，于理为胜也。

【注释】

① 从父兄弟姊妹：从父，父之兄弟；从父兄弟姊妹，即从父所生的兄弟姊妹，也就是今天所说的堂兄弟姊妹。已孤：父已死去，这里即指上文所说的“从父”已死去。② 北土：北方。③《尔雅》：我国最早的解释词义的专书，成于西汉时，后升格为经，成为《十三经》之一。《丧服经》：即《仪礼》中的《丧服》篇。《仪礼》在汉代本是经，当时所谓《五经》中的《礼》即是《仪礼》，南北朝隋唐时《礼记》取代《仪礼》成为《五经》之一，但《仪礼》仍为《三礼》及《十三经》之一。

……

古者，名以正体①，字以表德②，名终则讳之，字乃可以为孙氏③。孔子弟子记事者，皆称仲尼④；吕后微时⑤，尝字高祖为季⑥；至汉爰种⑦，字其叔父曰丝⑧；王丹与侯霸子语⑨，字霸为君房⑩。江南至今不讳字也。河北人士全不辨之，名亦呼为字，字固呼为字。尚书王元景兄弟[11]，皆号名人，其父名云，字罗汉，一皆讳之[12]，其余不足怪也。

【注释】

①正体：表明本身。即指出是谁。②表德：表示德行。③为孙氏：用来作为孙辈的氏，如鲁国公子展之孙无骇卒，鲁隐公用公子展这个字称无骇这一支为展氏。当时姓和氏是有区别的，氏只是姓里面的一支，秦汉以来姓和氏就没有区别，通称为姓而不再称氏了。④孔子……仲尼：见于《论语》，如《子张》篇说“仲尼不可毁也”，仲尼是孔子的字。⑤吕后：西汉高祖的皇后吕雉。微时：微贱而未富贵的时候。⑥尝字高祖为季：季是汉高祖刘邦的字，事见《史记·高祖纪》。⑦爰种：西汉爰盎（àng）的儿子。⑧字其叔父曰丝：丝是爰盎的字，事见《汉书·爰盎传》。⑨王丹：东汉时人，传见《后汉书》。⑩君房：侯霸的字。⑪王元景：北齐王昕（xīn）字元景，曾判祠部尚书，与其弟王晞（xī）均好学有名望，传见《北齐书》。⑫一皆：一概，一并，统统。

……

偏傍之书[1]，死有归杀[2]，子孙逃窜，莫肯在家；画瓦书符，作诸厌胜[3]；丧出之日[4]，门前然火[5]，户外列灰[6]，祓送家鬼[7]，章断注连[8]：凡如此比，不近有情[9]，乃儒雅之罪人[10]，弹议所当加也[11]。

【注释】

①偏傍之书：不属正经的书，旁门左道的书。②归杀：杀，也写作“煞”，即所谓“回煞”，说人死后到某一天“煞”要回来，家里的人必须外出躲避。据文献，这种迷信恶俗在汉魏时已有了，直到解放后才基本上消灭掉。③厌(yā)胜：古代的一种巫术，用咀咒来制服人或物。④丧出：出丧，把尸体送出。⑤门前然火：用火拦住鬼不让重新进门。然，是“燃”的本字。⑥户外列灰：用灰拦住鬼不让重新进门。⑦祓(fú)：古代除灾去邪的仪式。家鬼：死者本是家里的人，所以称“家鬼”。⑧章断注连：上章以求断绝死者所患疾病之传染连续注连，就指疾病传染连续。⑨有情：有人情，合乎人情。⑩儒雅：儒学正道。⑪弹(tán)：弹劾，检举官吏的过失。

……

《礼经》[①]：“父之遗书，母之杯圈[②]，感其手口之泽[③]，不忍读用。”政为常所讲习[④]，雠校缮写[⑤]，及偏加服用[⑥]，有迹可思者耳。若寻常坟典[⑦]，为生什物[⑧]，安可悉废之乎？既不读用，无容散逸，惟当缄保以留后世耳[⑨]。

【注释】

①《礼经》：这见于《礼记·玉藻》，原文较繁，这是节要。②圈：通“棬”(quān)，曲木制成的盂。③手口之泽：手

上的汗水和唾水。④ 政：通“正”。⑤ 雠(chóu)校：也作“校雠”，即校勘。缮：抄写，当时还没有发明印刷术，书籍需要抄写。⑥ 服用：使用。⑦ 坟典：《左传》昭公十二年有“三坟、五典、八索、九丘”的说法，杜预注：“皆古书名。”因而人们常用“坟典”作为古书的代称。⑧ 为生：治生，营生。什物：常用器物。⑨ 缄(jiān)：封闭。

……

江南风俗，儿生一期[①]，为制新衣，盥浴装饰[②]，男则用弓矢纸笔，女则刀尺针缕[③]，并加饮食之物，及珍宝服玩，置之儿前，观其发意所取[④]，以验贪廉愚智，名之为试儿，亲表聚集[⑤]，致宴享焉[⑥]。

【注释】

① 期(jī)：一周年。② 盥(guàn)：浇水洗手。浴：洗澡。③ 刀：剪刀。缕：线。④ 发意：动念头。⑤ 亲表：亲属中表，所谓中表，包括父之姊妹(姑母)的子女，母之兄弟(舅父)姊妹(姨母)的子女。⑥ 享：通“飨”(xiǎng)，用酒食款待人。

……

四海之人，结为兄弟[①]，亦何容易[②]，必有志均义敌[③]，令终如始者，方可议之。一尔之后[④]，命子拜伏，呼为丈人，申父交之敬[⑤]，身事彼亲，亦宜加礼。

比见北人甚轻此节[6]，行路相逢，便定昆季[7]，望年观貌，不择是非，至有结父为兄、托子为弟者[8]。

……

【注释】

① 结为兄弟：即所谓结义兄弟。② 容易：轻易，随便。③ 敌：相当，匹敌。④ 一尔：一旦如此。⑤ 父交：父之所交往，父辈。⑥ 北人：北方人。此节：这一点。⑦ 昆季：兄弟。⑧ 结父为兄：把父辈结为兄。托子为弟：把子侄辈结为弟。

【翻译】

……

《礼》上说："见到貌似的目惊，听到名同的心惊。"有所感触，心目凄怆，如果处在正常情况，自应该让这种感情表达。但如果无法回避，也应该有所忍耐，譬如伯叔、兄弟，容貌极像先人，能够终身见到他们就极度悲痛以至和他们断绝往来吗？《礼》上又说："做文章不用避讳，在庙里祭祀不用避讳，在君主面前不避私讳。"可见听到名讳应该有所斟酌，不必一定要颠沛走避。梁时有个叫谢举的，很有声望，但听到私讳就哭，被世人所讥笑。还有个臧逢世，是臧严的儿子，学问踏实品行端正，能维持门风，梁元帝出任江州，派他去建昌督促公事，郡县民庶，都抢着给他写信，信多得早晚丛集，堆满了几案，信上有写了"严寒"的，他见到了一定对信流泪，再不察看作覆。公事常因此不得处理，引起人们骇怪怨恨，终于因不会办事而被召回。这都是把事情做过头了。

近来在扬都，有个士人讳“审”字，同时又和姓沈的结交亲厚，姓沈的给他写信，只署名而不写上姓，这也不近人情。

……

从前侯霸的子孙，称他们的祖父叫家公；陈思王称他的父叫家父，母叫家母；潘尼称他的祖叫家祖：这都是古人所做的，而为今人所笑的。如今南北风俗，讲到他的祖和父母二亲，没有说“家”的，农村里卑贱的人，才有这种叫法。凡和人谈话，讲到自己的世父，用排行来称呼，不说“家”，是因为世父比父还尊，不敢称“家”。凡讲到姑、姊妹、女儿，已经出嫁的就用丈夫的姓来称呼，没有出嫁的就用排行来称呼，意思是行婚礼就成为别个家族的人，不好称“家”。子孙不好称“家”，是对他们的轻视忽略。蔡邕文集里称呼他的姑、姊为家姑、家姊，班固文集里也说家孙，如今都不通行。

凡和人谈话，称人家的祖父母、世父母、父母和长姑，都加个“尊”字，从叔父母以下，就加个“贤”字，以表示尊卑之有差别。王羲之写信，称人家的母和称自己的母相同，都不说“尊”字，这是如今所不取的。

……

从前王侯自己称自己孤、寡、不穀。从此以后，尽管孔子这样的圣师，和门人谈话都自己称名。后来虽有自称臣、仆的，但也很少有人这么做。江南地方轻重各有称谓，都记载在《书仪》上。北方人多自己称名，这是古代遗风。我认为自己称名好。

……

古人都叫伯父、叔父，而今世多单叫伯、叔。从父兄弟姊妹已孤，而当他面叫他母亲为伯母、叔母，这是无从回避的。兄弟之子已孤，和别人谈话，对着已孤者叫他兄子、弟子，就颇为不忍，北方人多叫他侄。案之《尔雅》《丧服经》《左传》侄虽通用于男女，都是对姑而言，晋代以来，才叫叔侄。如今叫他侄，从道理上讲是对的。

……

古时候，名用来表明本身，字用来表示德行，名在死后就要避讳，字就可以作为孙辈的氏。孔子的弟子记事时，都称孔子为仲尼；吕后在微贱时，曾称汉高祖的字叫他季；至汉人爰种，称他叔父的字叫丝；王丹和侯霸的儿子谈话，称侯霸的字叫君房。江南地方至今对字不避讳。河北人士对名和字完全不加区别，名也叫做字，字自然叫做字。尚书王元景兄弟，都号称名人，父名云，字罗汉，一概避讳，其余的人就不足怪了。

……

旁门左道的书里说，人死后有归杀，子孙要逃窜在外，没有人肯留在家里；要画瓦书符，作种种厌胜；出丧那天，要门前生火，户外铺灰，祓送家鬼，上章以断绝注连：所有这类做法，都不近人情，是儒雅的罪人，弹议所当施加。

……

《礼经》上说："父留下的书籍，母用过的杯圈，感到上面有手泽、口泽，就不忍再阅读使用。"这正因为是父所常讲习，经校勘抄写，以及母个人使用，有遗迹可供思念。如果是寻常的书籍，营生的器物，怎能统统废弃不用呢？既已不读不用，那也不该分散丢失，而应该封存保守以留传后代。

……

江南的风俗，孩子出生一周年，要给缝制新衣，洗浴打扮，男孩就用弓箭纸笔，女孩就用刀尺针线，再加上饮食，还有珍宝和服用玩耍的东西，放在孩子面前，看他动念头拿什么，用来测试他是贪还是廉，是愚还是智，这叫做试儿，聚集亲属中表，招待宴请。

……

四海之人，结为兄弟，也不能随便，一定要志同道合，始终如一的，才谈得上。一旦如此，就要叫自己的儿子出来拜见，叫对方为丈人，表达对父辈的敬意，自己对对方的双亲，也应该施礼。近来见到北方人对这一点很轻易，路上相遇，就可结成兄弟，只需看年龄老少，不讲是非，甚至有结父辈为兄，结子辈为弟的。

……

慕贤第七

这里所说的慕贤，不是指景仰古代的大圣大贤，而是讲对并世贤才的仰慕。其中指出世人常“贵耳贱目，重遥轻近”，以致身边明明有贤人却不知礼敬。这种毛病到今天在某些人身上仍存在，读了颜之推这篇文字应该注意戒除。

古人云：“千载一圣，犹旦暮也①；五百年一贤，犹比髆也②。”言圣贤之难得疏阔如此③。傥遭不世明达君子④，安可不攀附景仰之乎⑤！吾生于乱世，长于戎马⑥，流离播越⑦，闻见已多，所值名贤，未尝不心醉魂迷向慕之也⑧。人在年少，神情未定⑨，所与款狎⑩，熏渍陶染⑪，言笑举动，无心于学，潜移暗化⑫，自然似之，何况操履艺能⑬，较明易习者也⑭！是以与善人居，如入芝兰之室⑮，久而自芳也；与恶人居，如入鲍鱼之肆⑯，久而自臭也⑰。墨子悲于染丝⑱，是之谓矣，君子必慎交游焉。孔子曰⑲：“无友不如己者。”颜、闵之徒⑳，何可世得㉑，但优于我，便足贵之。

【注释】

① 千载……暮也：意思是虽过一千年才出一位圣人，但两位圣人之间的时间仍好似近得像从早到晚那么一点，说明圣人实在少有，能过一千年出上一位就算够密了。② 五百……髆（bó）也：意思和“千载一圣，犹旦暮也”相同。髆是肩膀，比髆是肩膊靠肩膊。③ 疏阔：不密，稀少。④ 傥（tǎng）：倘或。不世：不世出，世上所少有。⑤ 攀附：依附。⑥ 戎马：兵马，战争。⑦ 流离：转徙离散。播越：播迁逃亡。⑧ 心醉魂迷：形容仰慕之深。⑨ 神情：精神意态。⑩ 款狎：款洽狎习，交往极其亲密。⑪ 熏：熏炙。渍（zì）：浸渍。陶：陶冶。染：沾染。⑫ 潜移暗化：思想行为性格受外界感染在不知不觉中起变化，今多说“潜移默化”。⑬ 操履：操行，品行。艺能：技能，本领。⑭ 较：通“皎”，明显。⑮ 芝兰：本应作“芷兰”，芝是借用字，芷和兰都是有香味的草本植物。⑯ 鲍鱼：这里指盐渍的咸鱼，有一种强烈的腥秽味。⑰ 臭（chòu）：秽恶的气味。⑱ 墨子悲于染丝：这见于《墨子·所染》，讲墨子见到染丝的发出感叹。丝染在什么颜色里就会变成什么颜色，所以染丝不能不谨慎。⑲ 孔子曰：见于《论语·学而》。⑳ 颜、闵：颜回、闵损，都是孔子学生中的杰出人物。㉑ 世得：常得，常有。

世人多蔽①，贵耳贱目，重遥轻近。少长周旋②，如有贤哲③，每相狎侮，不加礼敬；他乡异县，微借风声④，延颈企踵⑤，甚于饥渴。校其长短，核其精粗，

或彼不能如此矣，所以鲁人谓孔子为东家丘[⑥]。昔虞国宫之奇少长于君，君狎之，不纳其谏，以至亡国[⑦]，不可不留心也！

【注释】

① 蔽(bì)：本是蒙蔽，这里引伸为滞于一隅不通达的识见。② 少长：从幼小到长大。周旋：本指古代行礼时进退揖让的动作，这里引伸为交往。③ 哲：才能识见超越寻常的人。④ 风声：名声。⑤ 延：引伸。企：提起脚后跟。踵(zhǒng)：脚后跟。⑥ 东家丘：丘是孔子的名，孔子是鲁国人，因为住在东边，所以当地随便地叫他“东家丘”，毫无敬意。⑦ 昔虞……亡国：这见于《左传》僖公二年和五年，大意是晋国想吞灭虞国，虞国的宫之奇识破了晋国的阴谋，但因他在虞君身边长大，虞君和他随便惯了，把他的话不当一回事，终于虞君中了晋国的计被吞灭。

……

梁孝元前在荆州[①]，有丁觇者[②]，洪亭民耳[③]，颇善属文，殊工草、隶[④]，孝元书记[⑤]，一皆使之。军府轻贱[⑥]，多未之重，耻令子弟以为楷法[⑦]，时云：“丁君十纸，不敌王褒数字[⑧]。”吾雅爱其手迹[⑨]，常所宝持。孝元尝遣典签惠编送文章示萧祭酒[⑩]，祭酒问云：“君王比赐书翰[⑪]，及写诗笔[⑫]，殊为佳手，姓名为谁，那得都无声问[⑬]？”编以实答，子云叹曰：“此人后生无比，遂不为世所称，亦是奇事！”于是闻者稍复刮目[⑭]，稍仕至

尚书仪曹郎[15]。末为晋安王侍读[16]，随王东下。及西台陷殁[17]，简牍湮散[18]，丁亦寻卒于扬州[19]。前所轻者，后思一纸不可得矣。

【注释】

① 荆州：治所江陵，即今湖北江陵。② 觇：读 chān。③ 洪亭：当时荆州辖区的县以下小地名，今已不详。④ 草：草书。隶：隶书，但这时的隶书已与八分书不同，而向后来的所谓正书过渡。⑤ 书记：书牍，书信。⑥ 军府：当时梁元帝萧绎是湘东王，是使持节都督荆湘郢益宁南梁六州诸军事、西中郎将、荆州刺史，所以他的治所叫军府。⑦ 楷法：楷模法式。⑧ 王褒：萧梁的书法家，后入仕北周，传见《周书》。⑨ 雅：素，向来。⑩ 典签：南朝方镇身边掌管文书的人，颇有权势。萧祭酒：萧子云，王褒的姑父，仕梁为国子祭酒，书法家。⑪ 比：近来，刚才。书翰：书信。⑫ 笔：南北朝人称有韵的为文，无韵的为笔。⑬ 声问：声誉，名声。⑭ 刮目：刮目相看，用新眼光相看。⑮ 稍：这里是逐渐的意思。尚书仪曹郎：萧梁尚书省设郎二十二人，仪曹郎是其一。⑯ 晋安王：即梁简文帝萧纲，当时封晋安王。侍读：当时亲王有侍读，给王讲授经书。⑰ 西台陷殁：台是台省，南北朝时称中央政府为台省，梁元帝在江陵称帝，江陵在西，所以称西台。元帝承圣三年(554)西魏攻陷江陵，杀元帝，就是这里所说的“西台陷殁”。⑱ 简牍：纸被使用前，我国用竹简和木片书写，叫简牍，纸广泛使用后则常用“简牍”来指书信，这里即指书信之类。湮(yān)：埋没。⑲ 扬州：指扬州的治所建康，即今江苏南京。

侯景初入建业[1]，台门虽闭[2]，公私草扰[3]。各不自全。太子左卫率羊侃坐东掖门[4]，部分经略[5]，一宿皆办，遂得百余日抗拒凶逆。于是城内四万许人，王公朝士，不下一百，便是恃侃一人安之，其相去如此。……

【注释】

① 侯景：本是北朝大将，后投南朝萧梁，又起兵叛梁，攻入梁都城建康，梁武帝被拘饿死，侯景自称帝。后失败，出逃被杀。建业：建康旧名。② 台门：建康有台城，是台省及宫殿所在。台门即台城的城门，当时关闭了台门抗拒侯景叛军。③ 公私：指政府官员和百姓。草扰：纷乱惊扰。④ 太子左卫率（lǜ）：萧梁有太子左右卫率，是太子手下的最高级武官，统带东宫警卫部队。羊侃（kǎn）：本仕北朝，后投梁，是当时的名将，传见《梁书》。东掖门：台城的门。⑤ 部分：部署处分。经略：策划处理。

齐文宣帝即位数年[1]，便沉湎纵恣[2]，略无纲纪[3]。尚能委政尚书令杨遵彦[4]，内外清谧[5]，朝野晏如[6]，各得其所，物无异议，终天保之朝[7]。遵彦后为孝昭所戮[8]，刑政于是衰矣[9]。斛律明月[10]，齐朝折冲之臣[11]，无罪被诛，将士解体[12]，周人始有吞齐之志，关中至今誉之[13]。此人用兵，岂止万夫之望而已哉[14]，国之存亡，系其生死。

……

【注释】

① 齐文宣帝：北齐文宣帝高洋。② 沉湎(miǎn)：沉迷于酒。纵恣：放纵恣肆，想怎么干就怎么干。③ 纲纪：法纪。④ 尚书令：尚书省的长官，中央政府机构的首脑。杨遵彦：杨愔(yīn)，字遵彦，北齐大臣，传见《北齐书》。⑤ 内外：内指京城之内，外指京城以外的所有统治地区。谧(mì)：安宁。⑥ 朝野：朝廷和民间。晏如：平静。⑦ 天保：北齐文宣帝的年号，共十年(550—559)。⑧ 孝昭：北齐孝昭帝高演。⑨ 刑政：刑罚政令。⑩ 斛律明月：斛律先，字明月，北齐大将。传见《北齐书》。⑪ 折冲：御侮，抵御敌人。⑫ 解体：肢体解散，比喻人心叛离。⑬ 关中：地理上的习惯用语，有时专指今陕西关中盆地，有时也包括陕北、陇西。当时是北周的主要根据地。⑭ 万夫之望：见《易·系辞下》，意思是万人之所瞻望，即众望所归。

【翻译】

古人说："一千年出一位圣人，还近得像旦暮之间；五百年出一位贤人，还密得像肩碰肩。"这是讲圣人贤人是如此稀少难得。倘或遇上不世出的明达君子，怎能不攀附景仰啊！我出生在乱离之时，长成在兵马之间，流离播迁，见闻已多，遇上名流贤士，没有不心醉魂迷地向往仰慕。人在年少时候，精神意态还未定型，和人家交往亲密，受到熏渍陶染，人家的一言一笑一举一动，即使无心去学习，也会潜移默化，自然相似，何况人家的操行技能，是更为明显易于学习的东西啊！因此和善人在一起，如同进入养芝兰的房室,时间一久自然芬芳;和恶人在一起,如同进入卖鲍鱼的铺子,时间一久自然腥臭。墨子看到染丝而感叹,就是这个缘故,所以君子在交游上必须谨慎。孔子说:“不要和不如自己的人做朋友。”像颜回、闵损那样的人,哪能常有,只要有胜过我的地方,就很可贵。

世上的人多有所蔽,重视耳闻的而轻视目睹的,重视远处的而轻视身边的。从小到大常往来的人中,如果有了贤士哲人,也往往轻慢,缺少礼貌尊敬。而对身居他乡别县的,稍稍传闻名声,就会延颈企踵,如饥似渴地想见一见,其实比较二者的短长,审校二者的精粗,很可能远处的还不如身边的,此所以鲁人会把孔子称为东家丘。从前虞国的宫之奇从小生长在虞君身边,虞君对他很随便,听不进他的劝谏,终于落个亡国的结局,真不能不留心啊!

……

梁元帝从前在荆州时,有个叫丁觇的,只是个洪亭地方的百姓,可能会做文章,尤其擅长写草书、隶书,元帝的往来书信,都叫他代写。可军府里的人轻贱他,对他的书法不重视,不愿子弟模仿学习,一时有“丁君写的十张纸,比不上王褒几个字”的说法。我是一向喜爱丁的书法的,常加以珍藏。后来元帝派典签叫惠编的送文章给祭酒萧子云看,萧子云问道:“君王刚才所赐的书翰,还有所写的诗笔,真出于好手,此人姓什么叫什么,怎么会毫无名声?”惠编如实回答,萧子云叹道:“此人在后生中没有谁能比得上,却不为世人称道,也算是奇怪事情!”从此听到这话的对丁稍稍刮目相看,丁也逐步做上尚书仪曹郎。最后丁做晋安王的侍读,随王东下。到西台陷落,简牍散失埋没,丁不久也死于扬州。从前轻视丁的，以后想要丁的一纸书法也不可得了。

侯景刚进入建康时，台门虽已闭守，而官员百姓纷乱惊扰，人人不得自保。太子左卫率羊侃坐镇东掖门，部署处分，一夜齐备，才能抗拒凶逆到一百多天。这时台城里有四万多人，王公朝官，不下一百，就是靠羊侃一个人才使大家安定，才能高下相差如此。……

齐文宣帝即位几年，就沉湎纵恣，法纪全无。但还能把政事委托给尚书令杨遵彦，才使内外清宁，朝野平静，大家各得其所，而无异议，整个天保一朝都如此。杨遵彦后来被孝昭帝所杀，刑政于是败坏。斛律明月，是齐朝折冲之臣，无罪被杀，将士离心，周人才有灭齐的打算，关中到现在还称颂这位斛律明月。这个人的用兵，何止是万夫之望而已，国家的存亡，实关系于他的生死。

……

勉学第八

《荀子》的第一篇是《劝学》，颜之推写这篇《勉学》，必是受《劝学》篇的启发。这《勉学》在《家训》中是内容特长、字数特多的一篇，这里主要选译其中讲一般道理的，因为这些道理中颇有些在今天还适用，至少可资借鉴。此外讲到学习上某些具体问题的，则因其时学习内容和今天已有根本性的差异，一般也就不入选了。

自古明王圣帝，犹须勤学，况凡庶乎！此事遍于经史，吾亦不能郑重[①]，聊举近世切要，以启寤汝耳[②]。士大夫子弟，数岁已上，莫不被教，多者或至《礼》《传》，少者不失《诗》《论》[③]。及至冠婚[④]，体性稍定[⑤]，因此天机[⑥]，倍须训诱[⑦]。有志向者，遂能磨砺[⑧]，以就素业[⑨]；无履立者[⑩]，自兹堕慢[⑪]，便为凡人。人生在世，会当有业[⑫]，农民则计量耕稼[⑬]，商贾则讨论货贿[⑭]，工巧则致精器用[⑮]，伎艺则沉思法术[⑯]，武夫则惯习弓马，文士则讲议经书。多见士大夫耻涉农商[⑰]，差务工伎[⑱]，射则不能穿札[⑲]，笔则才记姓名，饱

食醉酒，忽忽无事⑳，以此销日㉑，以此终年㉒。或因家世余绪㉓，得一阶半级㉔，便自为足，全忘修学㉕，及有吉凶大事㉖，议论得失，蒙然张口㉗，如坐云雾，公私宴集，谈古赋诗，塞默低头㉘，欠伸而已㉙。有识旁观，代其入地㉚。何惜数年勤学，长受一生愧辱哉！

【注释】

① 郑重:这里是频繁的意思。② 寤(wù):通“悟”,觉醒。③《论》:《论语》。④ 冠(guàn)婚:先秦时男子到二十岁要行一种加冠的礼节,叫冠礼,也简称为“冠”,行了这个礼后即表示此人已成年,秦汉以来虽已不行这种礼,但习惯上仍称男子二十岁为冠。婚是娶妻,先秦时男子三十岁娶妻。这里的“冠婚”是说人到二三十岁时。⑤ 体性:体质性情。⑥ 天机:天赋的机灵。⑦ 倍:加倍。⑧ 磨砺:本意是磨刀刃使锐利,引申为磨练。⑨ 素业:儒素之业,即士族的那套事业。⑩ 履立:履是实行,行为,立是树立。履立是指想成就功业。⑪ 堕:通“惰”。慢:怠慢。⑫ 会:合,应。⑬ 计量:计较商量。⑭ 贿:财物。⑮ 工巧:能工巧匠。器用:器皿用具。⑯ 伎:同“技”。伎艺:技术才艺。法术:方法技术。⑰ 耻:耻于,以干某件事为耻。⑱ 羞:羞于,以干某件事为羞。⑲ 札:古代铠甲上的铁片。⑳ 忽忽:心中空虚恍惚。㉑ 销日:消磨日子,混日子。㉒ 终年:终其天年,到老死。㉓ 家世余绪(xù):余绪也称“绪余”,本指抽丝后留在茧上的残丝,引申为剩余的东西,这里指家世余荫,指魏晋南北朝时世家大族子弟在仕进上的特权。㉔ 一阶半级:这里的阶级是指旧时官位俸给的等级,一阶半级,即后

来所谓"一官半职"。㉕ 修:学习。㉖ 吉凶大事:吉指婚事,凶指丧事,南北朝士大夫很讲究婚丧礼仪,所以说吉凶大事。㉗ 蒙然:蒙昧无知,昏昏然。张口:张口结舌,说不出话来。㉘ 塞默:沉默,讲不出话来。㉙ 欠:打呵欠。伸:伸懒腰。㉚ 入地:羞惭得无脸见人,真想钻到地下去。

梁朝全盛之时,贵游子弟[1],多无学术,至于谚曰:"上车不落则著作[2],体中何如则秘书[3]。"无不熏衣剃面[4],傅粉施朱[5],驾长檐车[6],跟高齿屐[7],坐棋子方褥[8],凭斑丝隐囊[9],列器玩于左右[10],从容出入[11],望若神仙,明经求第[12],则顾人答策[13],三九公宴[14],则假手赋诗[15],当尔之时,亦快士也[16]。及离乱之后[17],朝市迁革[18],铨衡选举[19],非复曩者之亲[20],当路秉权[21],不见昔时之党[22],求诸身而无所得,施之世而无所用,被褐而丧珠[23],失皮而露质[24],兀若枯木[25],泊若穷流[26],鹿独戎马之间[27],转死沟壑之际[28],当尔之时,诚驽材也[29]。有学艺者,触地而安[30]。自荒乱以来[31],诸见俘虏,虽百世小人[32],知读《论语》《孝经》者[33],尚为人师;虽千载冠冕[34],不晓书记者,莫不耕田养马,以此观之,安可不自勉耶? 若能常保数百卷书,千载终不为小人也。

【注释】

① 贵游子弟:本指王公的子弟,这里指士族子弟。② 上车不落则著作:著作,指著作郎,是清贵官。南朝时

士族子弟一开始就可做这个官。“上车不落”是当时俗语，现在已不明含义。③ 体中何如则秘书：秘书，秘书郎，也是南朝士族子弟一开始就可做的官职，“体中何如”就是问人家身体好不好。④ 熏衣剃面：用香熏衣服，用刀剃面，都是当时士族子弟的生活习惯。⑤ 傅粉施朱：涂脂抹粉，汉魏以来男子的习惯，这时士族子弟仍如此。⑥ 长檐车：车盖有前檐的车。⑦ 跟：这里是跟着转的意思。高齿屐（jī）：屐是木底的鞋，下面有齿，高齿的屐是当时士族所常着。⑧ 棋子方褥（rù）：褥是坐垫，当时仍是跪坐，跪坐在一种方形的床上，讲究的床上铺褥。棋子的棋，指围棋，棋子方褥，是指褥上有如同围棋棋盘那样的方块图案。⑨ 斑丝隐（yìn）囊：隐是依靠的意思，隐囊是供富贵依靠的软囊，斑丝，染色丝，指隐囊外表用染色丝织成。⑩ 器：器用。玩：玩物。⑪ 从容：舒缓，不急迫。⑫ 明经求第：汉魏晋南北朝时州郡有举秀才、孝廉的办法，每年或隔几年由州郡送几名秀才、孝廉，经中央考试及第后录用，考试是“策试”，即出问题让回答，所问多有经义，所以可叫“明经求第”，这和隋唐正式设置明经科不是一回事。⑬ 顾：通“雇”。答策：回答策试秀才、孝廉的问题。⑭ 三九：三公九卿，泛指朝廷显贵。公宴：用公款的正式宴会。⑮ 假手：本指利用他人为自己办事，这里指请人代笔。⑯ 快士：佳士。⑰ 离乱：乱离，战乱流离。⑱ 朝市：朝廷。⑲ 铨衡：本指衡量轻重的器具，引伸为执掌选拔人才的职位。选举：选拔人才，和今天所说的选举不是一回事。⑳ 曩（nǎng）：从前。亲：亲属。㉑ 当路秉权：当路，当道，掌权。秉权，也是掌权。这一般都指宰相。㉒ 党：亲属，私党。㉓ 褐（hè）：兽毛或粗麻制成的短衣，古代贫贱人穿用。丧珠：指内里也没有珠玉，即没有本领。㉔ 失皮而露质：古人有“羊质虎皮”的说法，指其人外表像样内里不行，这里是说连外表的虎皮也丢了只剩下内里的羊质。㉕ 兀（wù）：浑然无所知觉。㉖ 泊：通“薄”。穷流：干涸的水流。㉗ 鹿独：落拓，流离颠沛。㉘ 转：辗转。㉙ 弩（nú）：能力低下。㉚ 触地：随处，到处。㉛ 荒乱：兵荒马乱，战乱。㉜ 百世小人：累世都出于庶族寒门而非士族，这是魏晋南北朝门阀盛行时的特殊讲法。㉝《孝经》：战国后期儒家讲孝道的一种小书，在汉代和《论语》一书都是启蒙性读物，后列入《十三经》。㉞ 千载冠冕：千载是夸大的说法，实际就是世代冠冕即世代做大官的意思，冕本是先秦时诸侯卿大夫戴的帽子，这里是指当时的世家大族，他们一般都世代做大官。

夫明《六经》之指①，涉百家之书②，纵不能增益德行，敦厉风俗③，犹为一艺，得以自资④。父兄不可常依，乡国不可常保⑤，一旦流离，无人庇荫⑥，当自求诸身耳。谚曰：“积财千万，不如薄伎在身⑦。”伎之易习而可贵者，无过读书也。世人不问愚智，皆欲识人之多，见事之广，而不肯读书，是犹求饱而懒营馔⑧，欲暖而惰裁衣也。夫读书之人，自羲、农已来⑨，宇宙之下⑩，凡识几人，凡见几事，生民之成败好恶，固不足论，天地所不能藏，鬼神所不能隐也⑪！

【注释】

①《六经》：先秦时本以《诗》《书》《礼》《乐》《易》《春

秋》为六经，但《乐》并没书本可读，所以西汉时只有《五经》，这里讲《六经》只是对经书的泛称。② 百家：诸子百家，本指先秦诸子，百家是说学派之多，这里是指《五经》以来的各种学问。③ 敦厉：敦厚砥砺。④ 资：凭借，依靠。⑤ 乡国：家乡。⑥ 庇荫：覆盖，保护。⑦ 伎：通“技”。⑧ 馔(zhuàn)：食物。⑨ 羲、农：伏羲、神农，神话传说中我国远古的帝王。⑩ 宇宙：《淮南子·齐俗训》上说：“往古来今谓之宙，四方上下谓之宇。”也就是通常所说的“天下”。⑪ 天地……能隐：这是指即使天地鬼神这样超越人间的神秘东西，在读书人面前也将呈露原形而无所隐藏，颜之推用这话来极言读书的作用。

有客难主人曰①：“吾见强弩长戟②，诛罪安民，以取公侯者有矣；文义习吏③，匡时富国④，以取卿相者有矣；学备古今，才兼文武，身无禄位，妻子饥寒者，不可胜数，安是贵学乎？”主人对曰：“夫命之穷达⑤，犹金玉木石也；修以学艺⑥，犹磨莹雕刻也⑦。金玉之磨莹，自美其矿璞⑧；木石之段块，自丑其雕刻。安可言木石之雕刻，乃胜金玉之矿璞哉？不得以有学之贫贱，比于无学之富贵也！且负甲为兵，咋笔为吏⑨，身死名灭者如牛毛，角立杰出者如芝草⑩；握素披黄⑪，吟道咏德⑫，苦辛无益者如日蚀⑬，逸乐名利者如秋荼⑭；岂得同年而语矣⑮。且又闻之，生而知之者上，学而知之者次，所以学者，欲其多知明达耳。必有天才，拔群出类，为将则暗与孙武、吴起同术⑯，执政则悬得管仲、子产之教[17]，虽未读书，吾亦谓之学矣。今子即不能然，不师古之踪迹，犹蒙被而卧耳[18]。”

【注释】

① 有客难(nàn)主人：这是假设，难是诘难，主人指颜之推自己。② 弩：用扳机发射的强弓。戟：先秦时就出现的兵器，是所谓有枝兵，即既可直刺，又可横击，和宋以后出现的方天画戟不是一回事。③ 吏：旧时官员的通称。④ 匡：纠正，救助。⑤ 命之穷达：穷是困厄，做不上官。达是显达，做上大官。说穷达是生来的命，当然是迷信的话。⑥ 修：学习，研习。⑦ 莹(yíng)：磨之使光亮。⑧ 矿璞(pú)：矿内有金，璞内蕴玉。⑨ 咋(zé)笔：咋是啃咬，过去办公都用毛笔，使用毛笔时有人习惯用嘴咬开笔头。吏：这里指类似办事员那样的小官吏。⑩ 角立：卓然特立。芝草：灵芝，是一种菌，古人认为是罕见的祥瑞之物。⑪ 素：白色的生绢，使用纸前以及刚使用纸时曾用它来写书，这里即指书。黄：东晋南北朝隋唐时用纸制的卷子写书，这种卷子都染成黄色的防蠹，这里也指书。⑫ 吟咏：发出声叫吟，声音拉长叫咏，这里是诵读的意思。⑬ 日蚀：是不常见的天象，用在这里就是不常见的意思。⑭ 秋荼(tú)：荼是一种苦茶，到秋天愈加长得繁盛。用在这里就是多的意思。⑮ 同年而语：也常说成“同日而语”，相提并论的意思。⑯ 孙武：相传是春秋时军事家，在吴国任大将，传见《史记》，但《左传》不载其事迹。吴起：战国前期的军事家、法家，历仕魏、楚等国，传见《史记》。⑰ 管仲：春秋时齐国的政治家，传见《史记》。子产：春秋时郑国的政治家，传见

《史记》。⑱ 蒙被：用被子蒙盖着头。

人见邻里亲戚有佳快者，使子弟慕而学之，不知使学古人，何其蔽也哉？ 世人但知跨马被甲，长矟强弓①，便云我能为将；不知明乎天道，辩乎地利②，比量逆顺③，鉴达兴亡之妙也④。 但知承上接下⑤，积财聚谷，便云我能为相；不知敬鬼事神⑥，移风易俗，调节阴阳⑦，荐举贤圣之至也⑧。 但知私财不入⑨，公事夙办⑩，便云我能治民；不知诚己刑物⑪，执辔如组⑫，反风灭火⑬，化鸱为凤之术也⑭。 但知抱令守律⑮，早刑晚舍⑯，便云我能平狱⑰；不知同辕观罪⑱，分剑追财⑲，假言而奸露⑳，不问而情得之察也㉑。 爰及农商工贾，厮役奴隶㉒，钓鱼屠肉，饭牛牧羊，皆有先达，可为师表㉓，博学求之，无不利于事也。

【注释】

① 矟（shuò）：一种柄特别长的矛，后来多写成“槊”。② 明乎天道，辩乎地利：《孙子·始计》上说：“天者阴阳寒暑时制也；地者，远近险易广狭生死也。”明乎天道的“天道”，辩乎地利的“地利”，即指以上这些东西。③ 比量：比较衡量。逆顺：逆在这里指违背时势人心，顺指顺乎时势人心。④ 鉴达：明察通晓。⑤ 承上接下：承受上边的指示往下贯彻。⑥ 敬鬼事神：古人迷信，即使好的政治家，也往往认为要得到鬼神即祖先和上帝的庇祐，所以重视敬鬼事神。⑦ 调节阴阳：西汉时认为丞相要调节阴阳，如果出现

水旱灾之类，就会责怪丞相没有尽到责任，这当然是古代的一种迷信观念。⑧ 至：最高的水平、境界。⑨ 私财不入：不弄进财物作为私有，也就是不贪赃。⑩ 夙（sù）：早。⑪ 刑物：刑通“型”。刑物，给别人做出个样子。⑫ 执辔（pèi）如组：这见于《诗・邶（bèi）风・简兮》和《诗・郑风・大叔于田》，辔是驾驭牲口的缰绳，组是织组即织丝带，执辔如组是指驾马像织组那样有文章条理，这里又用来比作治理百姓之有条理。⑬ 反风灭火：这里用刘昆的故事。《后汉书・儒林传》说，刘昆在光武帝时任江陵令，县里连年火灾，刘昆向火叩头，多能降雨止风，使火熄灭，这当然是江陵人给这位好县令制造的神话。⑭ 化鸱（chī）为凤：这里用仇览的故事。《后汉书・循吏传》说，仇览是陈留郡考城县（在今河南，已和河南的兰封县合并为兰考县）人，县里选任他为蒲亭长，境内有个叫陈元的不孝其母，经仇览劝导后变成了孝子，当地人歌颂仇览能把鸱鸮（xiāo）教化好。鸱鸮：猫头鹰一类的鸟，古人认为是不孝之鸟，其实是益鸟。鸾凤是仇览自比，并非说把原来是鸱鸮的陈元变为凤，是颜之推记错了。⑮ 令：中国古代由政府规定的各种法制。律：中国古代的刑法。⑯ 刑：判刑。舍：赦免。⑰ 平狱：处理刑狱轻重适中。⑱ 同辕观罪：这是用什么故事，今天已不清楚。⑲ 分剑追财：这是用何武的故事。《太平御览》卷六三九引《风俗通》说，西汉何武任沛郡（治所相县在今安徽濉溪西北）太守，郡内有富人，妻先死，自己死时儿子才几岁，女儿已嫁又不贤，就假意把全部财产传给女儿，只留下一剑给儿子，还嘱咐等儿子长到十五岁时才给，后来儿子长到十五岁，女儿连剑也不给，告到何武那里，何武说，当初富人把财产传女儿，是怕不传女儿要害死儿子，剑是象征决断的，叫十五岁时给，是估计到十五岁已有能力诉讼，于是把财产全部判归儿子。⑳ 假言而奸露：这是用李崇的故事。《魏书·李崇传》说，李崇任北魏的扬州刺史(治所寿春即今安徽寿县)，寿春人苟泰的儿子三岁时失去，为同县赵奉伯收养，后双方争这个儿子，都说是自己亲生的，李崇叫把这个孩子藏起来，过些时候假意对双方说，这孩子已暴死，苟泰听了放声悲哭，赵奉伯只是叹息而已，于是李崇知道苟泰是孩子的真父亲，把孩子判还他。㉑ 不问而情得：这是用陆云的故事。《晋书·陆云传》说，陆云任浚(xùn)仪(今河南开封)令，有人被杀，陆云叫把此人的妻关起来，又不讯问，过了十多天放掉，而叫人偷偷地跟着，说："不出十里，当有男子候之与语，便缚来。"果然捉到这样的男子，原来是他和这女的私通，把此人杀死，这时听到女的放出，急于等着问个究竟，结果落网抵罪。㉒ 厮(sī)役：供使唤服劳役的人。㉓ 师表：表率，学习的榜样。

夫所以读书学问，本欲开心明目①，利于行耳。未知养亲者，欲其观古人之先意承颜②，怡声下气③，不惮劬劳④，以致甘腝⑤，惕然惭惧⑥，起而行之也。未知事君者，欲其观古人之守职无侵⑦，见危授命⑧，不忘诚谏⑨，以利社稷⑩，恻然自念⑪，思欲效之也。素骄奢者，欲其观古人之恭俭节用，卑以自牧⑫，礼为教本，敬者身基⑬，瞿然自失⑭，敛容抑志也⑮。素鄙吝者，欲其观古人之贵义轻财，少私寡欲，忌盈恶满⑯，赒穷恤匮[17]，赧然悔耻[18]，积而能散也。素暴悍者，欲其观古人之小心黜己[19]，齿弊舌存[20]，含垢藏疾[21]，尊贤容众[22]，苶然沮丧[23]，若不胜衣也[24]。素怯懦者[25]，欲其观古人之达生委命[26]，强毅正直[27]，立言必信，求福不回[28]，勃然奋厉[29]，不可恐慑也[30]。历兹以往，百行皆然，纵不能淳[31]，去泰去甚[32]，学之所知，施无不达。世人读书者，但能言之，不能行之，忠孝无闻，仁义不足，加以断一条讼[33]，不必得其理；宰千户县[34]，不必理其民；问其造屋，不必知楣横而棁竖也[35]；问其为田，不必知稷早而黍迟也[36]。吟啸谈谑[37]，讽咏辞赋，事既优闲[38]，材增迂诞[39]，军国经纶[40]，略无施用，故为武人俗吏所共嗤诋[41]，良由是乎[42]？

【注释】

① 开心：开通心窍。明目：明亮眼睛。② 先意：探知父母的意旨。承颜：顺受父母的脸色。③ 怡声：说话声音和悦。下气：呼吸不出声，表示极其恭顺，即所谓“大气也不敢出”。④ 惮（dàn）：怕。劬（qú）：劳苦。⑤ 甘腝（ruǎn）：甘，本指甜，引伸为美味。腝，在这里当“软”讲。甘腝，指软美而为老年者爱吃的东西。⑥ 惕：戒惧。⑦ 侵：侵官，越权侵犯人家的职守。⑧ 见危授命：这见于《论语·宪问》，意思是遇到危难时不惜付出自己的生命。⑨ 诚谏：忠谏。忠写成“诚”字，可能是避隋文帝之父杨忠的名讳。⑩ 社稷：社本是中国古代帝王诸侯所祭的土地神，稷本是所祭的谷神，中国古代是农业社会，所以社稷成了国家的代称。⑪ 恻（cè）：凄怆。⑫ 卑以自牧：这见于《易·谦》。

牧是养的意思，卑以自牧，就是谦卑以自养其德。⑬ 礼为……身基：《左传》成公十三年有“礼，身之干也；敬，身之基也”的说法，意思是礼敬是立身的基干。⑭ 自失：茫无所措。⑮ 敛(liǎn)容：正容以表示肃敬。抑志：抑制高昂的志气。⑯ 盈：满得要溢出来。恶(wù)：憎恨。⑰ 赒(zhōu)：周济，救济。⑱ 赧(nǎn)：羞愧的脸色。⑲ 黜(chù)：贬抑。⑳ 齿弊舌存：这见于《说苑·敬慎》，意思是牙齿坚硬但先脱落，舌头柔软倒能存在。㉑ 含垢藏疾：垢是污秽，疾是毛病，即对人家的缺点毛病包容而不指出，古人认为是美德。㉒ 尊贤容众：对贤人尊重，对一般人也包容。㉓ 苶(nié)：疲倦的样子。㉔ 不胜衣：形容身体弱，弱得加上一件衣服都重得受不了。㉕ 怯(qiè)：胆小。㉖ 达生：《庄子》里有一篇叫《达生》，这里借来指通晓人生的意义而不怕死。委命：委是交付，委命是一切听任天命，这里也用来指不怕死。㉗ 毅：坚强果断。㉘ 求福不回：这见于《诗·大雅·旱麓》，旧注解释为求福而不入于邪，把“回”字解释为违，为邪，这里指把好事干下去不回头。㉙ 勃：奋发的样子。㉚ 慑(shè)：使之畏惧屈服。㉛ 淳(chún)：通“纯”。㉜ 泰：过甚。㉝ 断：判断。㉞ 宰：主管。千户县：有一千户人家的县。㉟ 楣(méi)：房屋的横梁，又门上的横木也叫楣。这两种楣都是横着的。棁(zhuó)：梁上的短柱，是竖着的。㊱ 稷：高粱。㊲ 啸：撮口发出长而清越的声音，魏晋南北朝的士大夫常爱啸。谑(xuè)：开玩笑。㊳ 优闲：悠闲，闲暇自得。㊴ 迂诞：迂阔荒诞。㊵ 军国：军务与国政。经纶(lún)：本是整理丝缕，引伸为处理国家大事。㊶ 嗤(chī)：讥笑。诋(dǐ)：毁谤。㊷ 良：确，真。

夫学者所以求益耳。见人读数十卷书，便自高大，凌忽长者①，轻慢同列②，人疾之如雠敌，恶之如鸱枭③。如此以学自损，不如无学也。

古之学者为己，以补不足也；今之学者为人，但能说之也。古之学者为人，行道以利世也；今之学者为己，修身以求进也④。夫学者犹种树也，春玩其华，秋登其实⑤，讲论文章，春华也，修身利行，秋实也。

【注释】

① 凌：通“陵”，欺凌。忽：忽视，轻视。长（zhǎng）者：辈分高、地位高的人。② 同列：同在朝班，同事。③ 鸱枭（xiāo）：即“鸱鸮”。④ 进：仕进，做官。⑤ 登：成熟收获。

人生小幼，精神专利①，长成已后，思虑散逸，固须早教，勿失机也。吾七岁时，诵《灵光殿赋》②，至于今日，十年一理③，犹不遗忘。二十以外，所诵经书，一月废置，便至荒芜矣④。然人有坎壈⑤，失于盛年，犹当晚学，不可自弃。孔子曰⑥：“五十以学《易》，可以无大过矣。”魏武、袁遗，老而弥笃⑦。此皆少学而至老不倦也。曾子十七乃学⑧，名闻天下；荀卿五十始来游学⑨，犹为硕儒⑩；公孙弘四十余方读《春秋》⑪，以此遂登丞相；朱云亦四十始学《易》《论语》⑫；皇甫谧二十始受《孝经》《论语》⑬；皆终成大儒：此并早迷而晚寤也。世人婚冠未学，便称迟暮，因循面墙⑭，亦为愚耳。幼而学者，如日出之光；老而学

者，如秉烛夜行，犹贤乎瞑目而无见者也⑮。

【注释】

① 专利：专一，集中于一点。②《灵光殿赋》：西汉宗室鲁恭王建有灵光殿，经战乱到东汉时巍然独存，东汉王延寿为此写了《鲁灵光殿赋》，今保存在《文选》里。③ 理：对书本作温习。④ 荒芜：本指田地不治，杂草丛生，这里引伸为对书本荒疏。⑤ 坎壈(kǎn lǎn)：同“坎廪(lǎn)”，困顿不得志。⑥ 孔子曰：见于《论语・述而》，但这是依据后来的本子，最早的本子作“五十以学，亦可以无大过矣”。⑦ 魏武……弥笃：魏武是魏武帝曹操，袁遗是袁绍的从兄，曹操曾说“长大而能勤学”的，只有他自己和袁遗，见《三国志・魏志・武帝纪》注。笃：认真，专心致志。⑧ 曾子十七乃学：《家训》的很多本子“十七”都作“七十”，但这位曾子是孔子的学生曾参，曾参并非到七十岁才学，宋人的《类说》引用《家训》作“十七”，应是对的，颜之推认为十七岁才学、二十岁才学都算晚了。⑨ 荀卿……游学：荀卿是战国儒家大师，传见《史记》。⑩ 硕：大。⑪ 公孙……《春秋》：公孙弘是西汉武帝时丞相，传见《汉书》。⑫ 朱云……《论语》：朱云，是西汉元帝成帝时经学家，传见《汉书》。⑬ 皇甫……《论语》：皇甫谧(mì)是西晋时学者，传见《晋书》。⑭ 因循：沿袭保守，疲沓不振作。面墙：面对着墙壁一无所见，常用来比喻不学。⑮ 瞑(míng)目：瞑本是日暮的意思，瞑目就是闭上眼睛。

学之兴废，随世轻重。汉时贤俊，皆以一经弘圣人之道①，上明天时②，下该人事③，用此致卿相者多矣。末俗已来不复尔④。空守章句⑤，但诵师言，施之世务，殆无一可。故士大夫子弟，皆以博涉为贵，不肯专儒⑥。梁朝皇孙以下，总丱之年⑦，必先入学⑧，观其志尚，出身已后⑨，便从文吏⑩，略无卒业者⑪。冠冕而为此者，则有何胤、刘瓛、明山宾、周捨、朱异、周弘正、贺琛、贺革、萧子政、刘绍等⑫，兼通文史，不徒讲说也。洛阳亦闻崔浩、张伟、刘芳⑬，邺下又见邢子才⑭，此四儒者，虽好经术，亦以才博擅名，如此诸贤，故为上品。以外率多田野间人⑮，音辞鄙陋，风操蚩拙⑯，相与专固⑰，无所堪能，问一言辄酬数百⑱，责其指归⑲，或无要会⑳。邺下谚云："博士买驴㉑，书券三纸㉒，未有'驴'字。"使汝以此为师，令人气塞㉓。孔子曰㉔："学也，禄在其中矣㉕。"今勤无益之事㉖，恐非业也！夫圣人之书，所以设教，但明练经文，粗通注义，常使言行有得，亦足为人。何必"仲尼居"即须两纸疏义㉗，燕寝、讲堂亦复何在㉘，以此得胜，宁有益乎？光阴可惜，譬诸逝水，当博览机要㉙，以济功业，必能兼美㉚，吾无间焉㉛。

【注释】

① 汉时……之道：西汉时盛行的是今文经学，学者只要在《五经》中读通一种经，能用来联系当时的政治就行。② 上明天时：西汉今文经学提倡所谓"天人感应"之说，说天象变化和人间政事有密切关系，这当然是迷信。③ 该：

包括，通贯。④ 末俗：晚近的习俗，一般都指不好的习俗。⑤ 空守章句：章是分章，句是断句。今文经学大师们对所治的经都作了章句，但后人只抱住这点章句之学，和实际脱节。⑥ 专儒：专守只知章句的儒生之学。⑦ 总：拢起来收束。丱(guàn)：古时儿童束发成两角的样子。⑧ 入学：指进入国子学，当时规定五品以上官员子弟可以进入国子学，也称国学。⑨ 出身：出仕，开始做官。⑩ 文吏：文官。⑪ 略无：很少有。卒业：完毕学业。⑫ 何胤：传见《梁书》。刘瓛(huán)：传见《南齐书》。明山宾：传见《梁书》。周捨：传见《梁书》。朱异：传见《梁书》。周弘正：传见《陈书》。贺琛：传见《梁书》。贺革：传附见《梁书·贺玚传》。萧子政：著作见《隋书·经籍志》。刘绍(tāo)：传附见《梁书·刘昭传》。⑬ 崔浩：传见《魏书》。张伟：传见《魏书》。刘芳：传见《魏书》。⑭ 邢子才：邢邵字子才，传见《北齐书》。⑮ 田野间人：家在农村的人。⑯ 蚩：通"媸"，丑陋。⑰ 专固：专断保守。⑱ 问一……数百：南北朝盛行所谓义疏之学，对经的本文和注都作繁琐的解释。⑲ 指归：要旨。⑳ 要会：要领总会。㉑ 博士：当时国子学里每一种经都设有主讲的人叫博士，这里的博士是泛称治经学的人。㉒ 券：买卖的契约。三纸：三张纸。㉓ 气塞：气沮，沮丧得都说不出来。㉔ 孔子曰：见于《论语·卫灵公》。㉕ 禄：做官的俸禄。㉖ 勤：用力于。㉗"仲尼居"：这是《孝经》第一章的开头第一句，仲尼是孔子的字。居是一种坐的姿势。㉘ 燕寝……何在：有人说"仲尼居"是在讲堂上，有人说是在燕寝闲居，燕寝即休息的内室。这句话的意思是，不论是燕寝还是讲堂，反正如今都不存在了，争论又有什么意义。㉙ 机要：机微精要的东西。㉚ 兼美：两全其美。㉛ 间：间隙，不足之处。

俗间儒士，不涉群书，经、纬之外[①]，义疏而已。吾初入邺，与博陵崔文彦交游[②]，尝说王粲集中难郑玄《尚书》事[③]。崔转为诸儒道之，始将发口，悬见排蹙[④]，云："文集只有诗、赋、铭、诔[⑤]，岂当论经书事乎？且先儒之中，未闻有王粲也。"崔笑而退，竟不以粲集示之。魏收之在议曹[⑥]，与诸博士议宗庙事，引据《汉书》，博士笑曰："未闻《汉书》得证经术。"收便忿怒，都不复言，取《韦玄成传》掷之而起[⑦]，博士一夜共披寻之[⑧]，达明乃来谢曰："不谓玄成如此学也！"

【注释】

① 纬：纬书，西汉末年开始流行，因为和《六经》、《孝经》等相配合，所以叫纬，种数极多，其中多数充满着神秘色彩，在东汉时成为经学家的必修书，到隋炀帝时曾明令予以禁毁，以后就都失传，只有其他古书里引用的片断文字还保存到今天。② 博陵：郡名，治所博陵县在今河北蠡(lǐ)县，博陵的崔姓是北朝著名的大士族。③ 王粲：东汉末文学家，传见《三国志・魏书》。郑玄：东汉末经学大师，遍注《周易》《尚书》《毛诗》《三礼》《论语》等书，传见《后汉书》。④ 悬：凭空地，没有理由地。排蹙(cù)：蹙同"蹴"，排蹙就是排斥。⑤ 铭：古代刻在碑石、器物上的一种文体，多申鉴戒或歌颂功德。诔(lěi 耒)：古代用来表彰死者德行

并致哀悼的一种文体，仅能用于上对下。⑥ 魏收：北齐的文学家、史学家，传见《北齐书》。议曹：应作“仪曹”，《隋书·百官志》说北齐尚书省的殿中尚书下属有仪曹，“掌吉凶礼制事”。⑦《韦玄成传》：附见《汉书·韦贤传》，其中有韦玄成对宗庙的议论。⑧ 披：指打开书卷。

夫老、庄之书[1]，益全真养性，不肯以物累己也。故藏名柱史[2]，终蹈流沙[3]；匿迹漆园[4]，卒辞楚相[5]：此任纵之徒耳[6]。何晏、王弼，[7]祖述玄宗[8]，递相夸尚，景附草靡[9]，皆以农、黄之化[10]，在乎己身，周、孔之业[11]，弃之度外[12]。而平叔以党曹爽见诛[13]，触死权之网也[14]；辅嗣以多笑人被疾[15]，陷好胜之阱也[16]；山巨源以蓄积取讥[17]，背多藏厚亡之文也[18]；夏侯玄以才望被戮[19]，无支离拥肿之鉴也[20]；荀奉倩丧妻神伤而卒[21]，非鼓缶之情也[22]；王夷甫悼子悲不自胜[23]，异东门之达也[24]；嵇叔夜排俗取祸[25]，岂和光同尘之流也[26]；郭子玄以倾动专势[27]，宁后身外己之风也[28]；阮嗣宗沉酒荒迷[29]，乖畏途相诫之譬也[30]；谢幼舆贮贿黜削[31]，违弃其余鱼之旨也[32]：彼诸人者，并其领袖，玄宗所归。其余桎梏尘滓之中[33]，颠仆名利之下者[34]，岂可备言乎！直取其清淡雅论，剖玄析微，宾主往复[35]，娱心悦耳，非济世成俗之要也。洎于梁世，兹风复阐[36]。《庄》《老》《周易》，总谓《三玄》。武皇、简文[37]，躬自讲论。周弘正奉赞大猷[38]，化行都邑，学徒千余，实为盛美。元帝在江、荆间，复所爱习，召置学生，亲为教授，废寝忘食，以夜继朝，至乃倦剧愁愤[39]，辄以讲自释[40]。吾时颇预末筵[41]，亲承音旨[42]，性既顽鲁，亦所不好云。

……

【注释】

① 老、庄之书:《老子道德经》,相传是先秦时老子所撰写。《庄子》,内篇当是战国时庄子撰写,外篇、杂篇多数是这一学派的人所撰写。这两部书在魏晋南北朝玄学盛行时几乎成为高级知识分子必读之书。② 藏名柱史:老子做过周守藏室的史,也就是管理图书的柱下史,藏名柱史,就是做柱下史而不为人们所知晓的意思。③ 终蹈流沙:传说老子最后西游,进入流沙,不知所终。流沙,当指今新疆境内的沙漠。④ 匿迹漆园:庄子做过漆园吏。匿迹,也是不露声色、不为人们所知晓的意思。⑤ 卒辞楚相:据说楚国要聘庄子为相,庄子辞谢不干。⑥ 任纵:任性放纵。⑦ 何晏:曹魏时玄学家,传附见《三国志·魏志·曹真传》。王弼:曹魏时玄学家,传附见《三国志·魏志·钟会传》。⑧ 玄宗:道家把"道"别称为玄宗。⑨ 景附草靡:景是"影"的本字,这句话的意思是像影子那样附着形体,像小草那样随着风倒,靡就是随风倒下。⑩ 农、黄之化:农、黄是神农、黄帝,道家把神话传说中的古帝王神农、黄帝假托为他们这个学派的创始人,农、黄之化就指道家的教化。⑪ 周、孔:周是西周初年辅佐成王的周公旦,孔是孔子,当时曾把周公说成是先圣,比先师孔子地位还高,周、孔之业就指儒家的学问。⑫ 弃之度外:度是心意计度,"弃之度外"今常作"置之度外"即不予考虑。⑬ 平叔:何晏的字。

曹爽：曹魏明帝的宠臣，明帝死后辅政，后为司马懿所杀，传附见《三国志·魏志·曹真传》。⑭ 死权：为权势而死。⑮ 辅嗣：王弼的字。⑯ 好(hào)胜：喜欢胜过别人。阱(jǐng)：陷坑。⑰ 山巨源：西晋大臣山涛，字巨源，曾是讲玄学的"竹林七贤"之一，传见《晋书》。但他并无蓄积财富被人讥笑的事情，很可能是颜之推记错了。⑱ 多藏厚亡：这见于《老子》第四十四章，原文是"多藏必厚亡"，意思是收藏得多的散失也多。⑲ 夏侯玄：曹魏玄学家，为司马师所杀，传见《三国志·魏志》。⑳ 支离拥肿：支离疏是《庄子·人世间》里所提到的畸形人，以畸形而能终其天年。《庄子·逍遥游》里还讲到一种叫樗(chū)的大树，树干拥肿，小枝拳曲，因无用也就不被匠人砍伐，这里说的"拥肿"便是指这樗。㉑ 荀奉倩(qiàn)：曹魏荀粲字奉倩，妻死后虽不哭而神伤，不久自己也死亡，见《世说新语·惑溺》注引《荀粲别传》。㉒ 鼓缶(fǒu)之情：《庄子·至乐》里说，庄子妻死，庄子箕踞鼓盆而歌，缶就是瓦盆。㉓ 王夷甫：西晋王衍字夷甫，传附见《晋书·王戎传》，其中说他在幼子死去后悲不自胜，不自胜就是自己不能克制。㉔ 东门之达：《列子·力命》里说，魏国有个东门吴的，儿子死了不忧愁，理由是他当初没有儿子并不忧愁，现在等于没有儿子，有什么好忧愁。《列子》是东晋初张湛编造的伪书，但后人长期认为它是真的先秦时道家著作。㉕ 嵇叔夜：曹魏玄学家嵇康，字叔夜，"竹林七贤"之一，因不混同于世俗而为司马昭所杀，传见《晋书》。㉖ 和光同尘：这见于《老子》第四章，原文是"和其光，同其尘"，意思是不露锋芒，与世无争。㉗ 郭子玄：西晋玄学家郭象，字子玄，传世的《庄子》就是经他手删定作注的本子，但他在官场上颇为弄权，传见《晋书》。这里说的“倾动”，就是指权势震动，“专势”就是专权。㉘ 后身外己：这见于《老子》第七章，原文是“后其身而身先，外其身而身存”，意思是让自身居后反而会占先，不把自身当一回事反而得生存。㉙ 阮嗣宗：曹魏玄学家阮籍，字嗣宗，“竹林七贤”之一，常以酣醉不问世事来保全自身，传见《晋书》。㉚ 畏途相诫：这见于《庄子·达生》，原文是“夫畏途者十杀一人，则父子兄弟相戒也，必盛卒徒而后敢出焉”，意思是不要随便外出以免遇到危险，这是针对阮籍喜欢一个人驾车外出乱跑而说的。㉛ 谢幼舆：西晋玄学家谢鲲（kūn），字幼舆，曾因家僮取用公家的麦草而被削除官职，因为这也是一种贪污行为，传见《晋书》。㉜ 弃其余鱼：语出《淮南子·齐俗》，原文是“惠子从东百乘以过孟诸，庄子见之，弃其余鱼”，意思是庄子见惠子拥有那么多的财富很反感，把自己吃剩的鱼都丢弃了。㉝ 桎梏（zhì gù）尘滓（zǐ）：桎是拘脚的刑具，梏是铐手的刑具，尘滓是尘俗污秽，意思是为尘俗所桎梏，即在尘俗中混日子。㉞ 颠仆（pū）名利：意思是为名利而奔走倾跌，仆就是向前跌倒。㉟ 往复：问答。㊱ 阐（chǎn）：开，广。㊲ 武皇：南朝萧梁的梁武帝萧衍。简文：梁简文帝萧纲。㊳ 奉：帮助。赞：佐助。猷（yóu）：道求。㊴ 剧：甚。㊵ 释：宽解，排遣。㊶ 末筵：末席，末座，卑下的位次，是一种自谦语。㊷ 承：接受，听取。音旨：言谈意旨。

古人勤学，有握锥、投斧①，照雪、聚萤②，锄则带

经[3]，牧则编简[4]，亦为勤笃。梁世彭城刘绮[5]，交州刺史勃之孙[6]，早孤家贫，灯烛难办，常买荻尺寸折之[7]，然明夜读[8]。孝元初出会稽[9]，精选寮寀[10]，绮以才华，为国常侍兼记室[11]，殊蒙礼遇，终于金紫光禄[12]。义阳朱詹[13]，世居江陵，后出扬都，好学，家贫无资，累日不爨[14]，乃时吞纸以实腹，寒无毡被[15]，抱犬而卧，犬亦饥虚[16]，起行盗食，呼之不至，哀声动邻，犹不废业，卒成学士，官至镇南录事参军[17]，为孝元所礼。此乃不可为之事，亦是勤学之一人。东莞臧逢世[18]，年二十余，欲读班固《汉书》，苦假借不久，乃就姊夫刘缓乞丐客刺书翰纸末[19]，手写一本，军府服其志尚，卒以《汉书》闻。

【注释】

① 握锥（zhuī）：战国时苏秦读书将倦睡，就用锥刺股，见《战国策·秦策》，锥是尖利的穿孔用的东西。投斧：西汉时文党和别人一起进山伐木，说自己想远出学习，试投斧树上，斧挂住就去，结果斧真挂住，他就去长安，见《太平御览》卷六一一引《庐江七贤传》。② 照雪：东晋孙康家贫，常映雪读书，见《太平御览》卷一二引《宋齐语》。聚萤：东晋车胤家贫，夏月萤火虫放在囊中取光读书，传见《晋书》。③ 锄则带经：西汉倪宽带着经书锄地，休息时就诵读，传见《汉书》。④ 牧则编简：西汉路温舒牧羊时取泽中蒲作简，编连起来书写，传见《汉书》。⑤ 彭城：这是南朝刘宋时设置的郡，治所彭城县即今江苏徐州。⑥ 交州：当时治所龙编在今越南河内东天德江北岸。⑦ 荻（dí）：多年生草

木，可供编织席箔等用。⑧ 然："燃"的本字。⑨ 孝元初出会稽：梁武帝天监十三年(514)，萧绎封湘东王，出任会稽太守。会稽郡的治所山阴即今浙江绍兴。⑩ 寮寀(liáo cài)：寮，通"僚"，寀是官，寮寀是僚属，即幕僚属官。⑪ 国常侍：萧绎当时是湘东王，王国仿照中央也设有常侍，是王左右的亲近显贵官。记室：中记室参军的省称，掌管章奏文书等工作。⑫ 金紫光禄：金紫光禄大夫的省称，梁时官分十八班，班多为贵，金紫光禄大夫是十四班，已属显贵。⑬ 义阳：郡名，治所义阳县在今河南信阳。⑭ 爨(cuàn)：烧火做饭。⑮ 毡(zhān)：用羊毛或其他动物毛压成，可御寒。⑯ 虚：腹中空虚。⑰ 镇南录事参军：萧绎在梁武帝大同六年(540)出任使持节都督江州诸军事、镇南将军、江州刺史，这录事参军就是镇南将军属下的录事参军。⑱ 东莞(guǎn)：县名，南朝刘宋以后在今山东莒县。⑲ 乞丐：乞求，讨。客刺：名帖，相当于今天的名片，不过纸幅宽大。

……

邺平之后，见徙入关。思鲁尝谓吾曰①："朝无禄位，家无积财，当肆筋力，以申供养②。每被课笃③，勤劳经史，未知为子可得安乎？"吾命之曰："子当以养为心，父当以学为教。使汝弃学徇财④，丰吾衣食，食之安得甘？衣之安得暖？若务先王之道，绍家世之业，藜羹缊褐⑤，我自欲之。"

【注释】

① 思鲁：颜之推的长子颜思鲁。② 申：表达。③ 课：

按照规定的内容分量讲授学习。笃：应读作“督”，督促。④ 徇（xùn）财：徇通“殉”，徇财就是以身求财。⑤ 藜羹（lí gēng）：藜藿（huò）之羹，用豆叶之类做成的汤，指粗劣的饭菜。缊（yùn）：乱麻，用乱麻为絮的袍子，贫贱者所服。

……

校定书籍，亦何容易，自扬雄、刘向①，方称此职耳。观天下书未遍，不得妄下雌黄②。或彼以为非，此以为是，或本同末异，或两文皆欠，不可偏信一隅也③。

【注释】

① 扬雄：西汉大文学家，曾在皇室的天禄阁校书，传见《汉书》。刘向：西汉大学者，在校定古书上有极大贡献，传附见《汉书·楚元王传》。② 雌黄：本是一种矿物，可制作黄色的颜料，古书用黄纸卷子书写，所以写错了字要用雌黄涂去，从而也称校改书籍为“雌黄”。③ 一隅（yú）：一个角落，一个方面。

【翻译】

从古以来的明王圣帝，还需要勤学，何况凡庶之人啊！这类事情遍见于经籍史书，我也不能一一列举，只举点近代切要的来启发提醒你们。士大夫的子弟，几岁以上，没有不受教育的，多的读到《礼》《左传》，少的也起码读了《毛诗》和《论语》。等到冠婚，体质性情稍稍稳定，凭着这天赋的灵机，应该加倍教训诱导。有志向的，就能因此磨练，成其素业;不想有所树立的,从此怠惰,就成为凡人。人生在世,应当有所专业,农民则商议耕稼,商贾则讨论货财,巧匠则精造器用,技艺则考虑方法,武夫则练习弓马,文士则讲论经书。常看到士大夫耻于涉足农商,羞于从事工技,射箭则不能穿札,握笔则才记姓名,饱食醉酒,忽忽无事,以此来消磨日子,以此来终尽天年。有的凭家世余荫,弄到一官半职,自感满足,全忘学习,遇到吉凶大事,议论得失,就昏昏然张口结舌,像坐在云雾之中;公私集会宴饮,谈古赋诗,又是沉默低头,只会打呵欠伸懒腰。有识见的人在旁看到,真替他羞得无处容身。为什么不愿用几年时间勤学,以致一辈子长受愧辱呢?

梁朝全盛时候,贵族子弟,多数没有学问,以致俗谚说:"上车不落则著作,体中何如则秘书。"没有人不熏衣剃面,涂脂抹粉,驾着长檐车,踏着高齿屐,坐着棋子方褥,靠着斑丝隐囊,左右罗列着器用玩好,从容出入,看上去真好似神仙一般。要明经义求第,就雇人回答策问,要预三九公宴,就请人代笔赋诗,在这种时候,也算是个佳士。等到乱离之后,朝市变迁,铨衡选举,不再是从前的亲属,当路掌权,不再见当年的私党,求之自身一无所得,施之世事一无所用,外边披上褐而内里没有珠,外边失虎皮而肉里露羊质,兀然像段枯木,泊然像条涸流,落拓兵马之间,转死沟壑之中,在这种时候,真成了驽材。只有有学问才艺,方能随处可以安身。从战乱以来,所见被俘虏的,即使世代小人,懂得读《论语》《孝经》的,还能给人家当老师;虽是历代冠冕,不懂得书记的,没有不去耕田养马,从这点来看,怎能不自勉呢?如能经常保有几百卷的书,过上千年也不会成为小人。

弄清《六经》的要旨，博览百家的著述，即使不能在德行上有所增长，风俗上有所敦砺，总还是一种才艺，得以自资。父兄不可能永远依凭，乡国不可能永远保有，一朝流离，无人庇荫，只应自己靠自己了。俗谚说："积财千万，不如薄技在身。"技之容易学习而且可贵的，没有比得上读书了。世上的人不论是愚是智，都要求人认识得多，事经历得广，却不肯读书，这就好比要求吃饱而懒于做饭，要求暖和而惰于裁衣。读书的人，从羲、农以来，在宇宙之下，认识了多少人，经历了多少事，人间的成败好坏，自不必说，即使天地也不能藏，鬼神也不能隐啊！

有位客人责难主人道："我看到会用强弩长戟，去诛讨有罪、安定生民，从而取得公侯是有其人的；通晓文义、熟悉吏事，去匡救时世、富强国家，从而取得卿相是有其人的；可是学问备知古今，才能兼通文武，却没有官位俸禄，妻子不免饥寒的，多得数不清，学了有什么可贵啊？"主人回答道："命的穷达，好比金玉木石；学习技艺，好比磨莹雕刻。金和玉经过磨莹，自然比本来的矿璞美；木和石的本来段块，自然比经过雕刻的木和石丑。怎可说木和石经过了雕刻，能胜于金和玉的矿璞呢？因此也不能把有学问的贫贱人，来比没学问的富贵人啊！何况披上铠甲为兵，咬开笔头充吏，最终身死名灭的多如牛毛，卓立杰出的稀如芝草；而持握披展黄素，诵读讲习道德，最终辛苦无益的稀如日蚀，安乐名利的多如秋荼；这怎么能同日而语。何况我还听说，生来就知道的为上，学了才知道的其次，所以要学，是要知识多而且明达事理。真有天才，能出类拔萃，充任将帅则暗合孙武、吴起的术艺，执掌国政则遥合管仲、子产的教化，这种人虽没有读书，我也说他是有学问了。如今你既不能如此，又不学习古人的踪迹，就好比蒙着被子在睡觉了。”

人们看到乡邻亲戚中有称心好样的，叫子弟去仰慕学习，而不知道叫去学习古人，何以如此糊涂？世人只知道骑马披甲、长矟强弓，就说我能为将，不知道要有明察天道、辨识地利、比量逆顺、鉴达兴亡的能耐。只知道承上接下、积财聚谷，就说我能为相，不知道要有敬鬼事神、移风易俗、调节阴阳、荐举贤圣的水平。只知道不谋私财、早办公事，就说我能治民，不知道要有诚己正人、执辔如组、反风灭火、化鸱为凤的本领。只知道执行律令、早判晚赦，就说我能平狱，不知道要有同辕观罪、分剑追财、说假话暴露奸伪、不讯问弄清真情的明察。至于农商工贾、厮役奴隶、钓鱼屠宰、喂牛牧羊的人们中，都有显达的先辈，可以作为师表，博学寻求，没有不利于事啊！

所以要读书做学问，本意在于使心开阔使目明亮，以有利于行。不懂得奉养双亲的，要他看到古人的先意承颜、和声下气、不怕劳苦、弄来甘软，于是惕然渐惧，起而照办。不懂得服事君主的，要他看到古人的守职不侵、见危授命、不忘忠谏、以利社稷，于是恻然自念，要想效法。一贯骄傲奢侈的，要他看到古人的恭俭节约、谦卑养德、礼为教本、敬为身基，于是瞿然自失，敛容抑志。一贯鄙吝的，要他看到古人的重义轻财、少私寡欲、忌盈恶满、周济穷乏，于是赧然生悔，积而能散。一贯悍暴的，要他看到古人的小心贬抑、齿弊舌存、含垢藏疾、尊贤纳众，于是恭然沮丧，若不胜衣。一贯怯懦的，要他看到古人的达生委命、强毅正直、说话必信、求福不回，于是勃然奋厉，不可慑服。这样历数下去，百行无不如此，即使难做得纯正，至少可以去掉太严重的毛病，学习所得，用在哪一方面都会见成效。只是世人读书，往往只能说到，不能做到，忠孝无闻，仁义不足，加以判断一条诉讼，不需要弄清事理；治理千户小县，不需要管好百姓；问他造屋，不需要知道楣是横而棁是竖；问他耕田，不需要知道稷是早而黍是迟；吟啸谈谑，讽咏辞赋，事情既很悠闲，人材更见迂诞，处理军国大事，一点没有用处，从而被武人俗吏们共同讥谤，确是由于上述的原因吧？

学者是要求有所进益的。看到人家读了几十卷书，就自高自大，欺凌长者，轻视同列，使人家把他痛恨得像仇敌，厌恶得像鸱枭。像这样以学而使自己受损，还不如不学了。

古时候的学者为自己，用学来补自己的不足；如今的学者为别人，只能口头空说。古时候的学者为别人，是行道以利当世；如今的学者为自己，是修身以求仕进。学习好比种树，春天赏玩花朵，秋天收获果实，讲说讨论文章，是春天的花朵，修身以利言行，是秋天的果实。

人生当幼小的时候，精神专一，长成以后，思虑分散，本该早教，不要失掉机会。我七岁时候，诵读《灵光殿赋》，直到今天，十年温习一次，还不忘记。二十岁以后，所诵读的经书，一个月搁置，就荒疏了。但人会有坎壈，壮年失学，还该晚学，不可以自弃。孔子就说过："五十岁来学《易》，可以没有大过失了。"曹操、袁遗，老而更笃：这都是从小学习到老年仍不知厌倦。曾子十七岁才学，而名闻天下；荀卿五十岁才来游学，还成为大儒；公孙弘四十多岁才读《春秋》，凭此就做上丞相；朱云也到四十岁才学《易》《论语》；皇甫谧二十岁才学《孝经》《论语》，都终于成为大儒：这都是早年迷糊而晚年醒悟。世上人婚冠之年没有学，就自以为太晚了，因循失学，也太愚蠢了。幼年学的，像太阳刚升起的光芒；老年学的，像夜里走路拿着蜡烛，总比闭上眼睛什么也看不见要好。

学的兴废，随时代而有所轻重。汉代贤俊之士，都只凭一种经来弘扬圣人之道，上则明晓天时，下则通贯人事，以此来做到卿相的很多。晚近的习俗不再是这样，空守老师的章句，只读老师的讲说，用在时务上，几乎没有一件用得上。所以士大夫的子弟，都讲究多读书，不肯专守章句。梁朝从皇孙以下，到总丱的年龄，必须先进国学，看他的志愿趋向，出仕以后，就做文吏的事情，很少有完成学业的。世代冠冕而从事经学的，则有何胤、刘瓛、明山宾、周捨、朱异、周弘正、贺琛、贺革、萧子政、刘绍等人，都兼通文史，不光会讲说。在洛阳的也听说有崔浩、张伟、刘芳，在邺下又见到邢子才，这四位儒者，虽然喜欢经学，同时也以文才博学著名，像这样的贤士，自然可称上品。此外则多数是田野间人，言辞鄙陋，风操丑拙，还都专断保守，什么能耐也没有，问一句就得回答几百句，问他要旨，有时还说不到点子上。邺下俗谚说："博士买驴，书卷三纸，未有'驴'字。"让你们认这种人为老师，那真叫人气沮。孔子说过："学了，俸禄就在其中了。"如今用力于无益之事，怕不算正业吧！圣人的书，是用来讲教化的，只要熟悉经文，粗通传注大义，常使自己的言行得当，也足以立身做人。何必“仲尼居”三个字就得用上两张纸的义疏，去弄清楚究竟是在燕寝还是在讲堂，这样就算讲对了，难道能有什么益处？光阴可惜，好似流水，应该博览精要，用来成就功名事业，如能两全其美，我自然没有话说。

世俗的儒生，不博览群书，除掉经传、纬书以外，只看义疏而已。我刚到邺下，和博陵的崔文彦交往，曾对他讲王粲的文集里有驳难郑玄所注《尚书》的地方。崔转向儒生们讲述，才开口，便被凭空排斥，说什么：“文集里只有诗、赋、铭、诔，难道会有讲论经书的事情吗？何况先儒之中，没听说有个王粲。”崔含笑而退，终于不把王粲的集子给他们看。魏收在仪曹，和博士们议论宗庙的事情，征引《汉书》作为依据，博士们笑道：“没有听说《汉书》可以用来证经学。”魏收就很生气，不再说什么，拿出《韦玄成传》丢在他们面前站起来就走，博士们一通宵把传一起披展研讨，到天明来向魏收致歉道：“想不到韦玄成还有这套学问啊！”

老子、庄子的书，大体上是要保养真性，不肯让外物来累自身。所以老子藏名柱史，最后进入了流沙；庄子匿迹漆园，终于辞却了楚相：这都是任性放纵之徒啊。何晏、王弼，师法讲述玄宗，转相夸张自负，像影附草靡一般，都以为神农、黄帝的教化，就在于自身，而周公、孔子的事业，则置之度外。而平叔因党附曹爽被诛杀，触犯死权的罗网；辅嗣因多笑别人被记恨，落入好胜的陷阱；山巨源因积蓄被讥讽，违背多藏厚亡的说法；夏侯玄因才望被刑戮，缺少支离拥肿的明鉴；荀奉倩死去妻子神伤而卒，绝非鼓缶的心情；王夷甫悼念儿子悲不自胜，有异东门的达观；嵇叔夜排斥世俗取祸，岂是和光同尘之流；郭子玄权势震动一时，怎算后身外己之风；阮嗣宗沉湎酒而荒迷，乖离了畏途相诫的譬喻；谢幼舆贪贿而丢官，违背弃其余鱼的宗旨：以上这些人物，都是其中的领袖，为玄宗之所依归。其余受尘俗桎梏，为名利奔走的，岂能一一细说！这些人只是欣赏清谈雅论，剖析玄微，宾主问答，娱心悦耳而已，并不把它当作救世匡俗的要道。到了梁代，这种风气又盛了起来。《庄子》《老子》和《周易》，总称为《三玄》。武帝和简文帝，都亲自讲论。还有周弘正佐助大道，在都邑教化推行，学徒有一千多人，真可说盛美。元帝在江、荆之间，又很喜欢讲习，召集学生，亲自教授，废寝忘食，早晚相继，甚至倦极愁愤的时候，就用讲授来排遣。我当时多次身列末席，亲自听到讲说，只是秉性顽愚，并不爱好。

……

古人勤学，有的握锥、投斧，有的照雪、聚萤，还有人锄地时带了经书，放牧时编连蒲简，也都称勤笃。梁代有位彭城人刘绮，是交州刺史刘勃的孙子，早年失去亲人家庭贫寒，没有能力置备灯烛，常买了荻一尺一寸地折断，点着照明夜读。元帝最初出任会稽太守，仔细挑选僚属，刘绮因有才华，被任为湘东国的常侍兼充记室，很蒙受礼遇，最后做到金紫光禄大夫。还有位义阳人朱詹，世代住在江陵，后来出居扬都，爱好学习，家贫缺乏资财，接连多天不生火做饭，常常吞下纸来填肚子，寒冷没有毡被，抱条狗睡眠，狗也饿空了肚子，起来走动偷食吃，叫它不来，哀号的声音惊动邻居，但仍不废学业，终于成为学士，官做到镇南将军属下的录事参军，被元帝所礼遇。这个人所做的是别人做不到的事情，也是一位勤学者。再有位东莞人臧逢世，二十多岁时，要读班固《汉书》，苦于向人借时间不能太长，就向姊夫刘缓乞讨客刺书翰纸末，亲手抄写一部，军府里的人佩服他有志气，他终于以精通《汉书》著称。

……

邺下平定以后，我被迁送进关中。儿子思鲁曾对我说："朝廷上没有禄位，家里面没有积财，应该多出气力，来表供养之情。而每被课程督促，在经史上用苦功夫，不知做儿子的能安心吗？"我教训他说："做儿子的应当以养为心，做父亲的应当以学为教。如果叫你抛弃学业而一意求财，让我衣食丰足，我吃下去哪能觉得甘美，穿上身哪能感到暖和？如果从事于先王之道，继承了家世之业，即使吃藜羹穿缊褐，我自己也愿意。"

……

校勘写定书籍，也很不容易，当年的扬雄、刘向，才算称职。天下的书没有看遍，不可以乱下雌黄。有的那个本子以为非，这个本子以为是，有的本虽同而末有异，有的两个本子的文字都有欠缺，不能偏信一个方面。

文章第九

我国古代知识分子向来重视写文章，魏晋南北朝讲场面的士族尤其如此，其中有人还进而在文章写作的理论方面下功夫，南齐末年刘勰撰成的《文心雕龙》，就是人所共知的文章理论名著。颜之推这篇是继《文心雕龙》之后的文章理论著作，有很多《文心雕龙》所没有讲到的新东西，当然这些东西今天看来不一定都对，如说“章句偶对”的骈文比散体好，就显然错误。

夫文章者，原出《五经》：诏、命、策、檄①，生于《书》者也；序、述、论、议②，生于《易》者也；歌、咏、赋、颂③，生于《诗》者也；祭、祀、哀、诔④，生于《礼》者也；书、奏、箴、铭⑤，生于《春秋》者也。朝廷宪章⑥，军旅誓、诰⑦，敷显仁义⑧，发明功德⑨，牧民建国⑩，不可暂无。至于陶冶性灵⑪，从容讽谏⑫，入其滋味⑬，亦乐事也，行有余力，则可习之。

【注释】

① 诏、命、策：三种文体，都是皇帝颁发的命令文告。

檄(xí):一种文体,用于声讨或征伐。② 序、述、论、议:古代的四种文体,前两种相当于今天的记叙文,后两种相当于今天的议论文。③ 歌、咏:诗歌。赋:古代的一种文体,铺陈华丽,讲究骈偶,多用典故,韵文与散文相错。颂:古代一种文体,用于赞颂。④ 祭:祭文。祀:古代祭祀时的乐歌。哀、诔(lěi):哀悼死者、记述死者生平的文章,哀又特指哀悼短夭者的文章。⑤ 书、奏:古时臣下向朝廷上书的文章。箴:用于规戒的文章。铭:用于赞颂或警戒的文章。⑥ 宪章:最重要的官方文书。⑦ 誓:誓言,誓约。诰:古代以上训下的号令式的文章。⑧ 敷:宣扬、阐发。⑨ 发:扩张。⑩ 牧民:治理百姓,我国古代把治理百姓比做放牧牲畜,所以叫“牧民”。⑪ 陶冶:陶铸,化育。性灵:性情灵感。⑫ 讽谏:不直言其事,用委婉的语言劝谏。⑬ 滋味:深厚的意味。

然而自古文人,多陷轻薄[①]:屈原露才扬己,显暴君过[②];宋玉体貌容冶,见遇俳优[③];东方曼倩,滑稽不雅[④];司马长卿,窃资无操[⑤];王褒过章《僮约》[⑥];扬雄德败《美新》[⑦];李陵降辱夷虏[⑧];刘歆反覆莽世[⑨];傅毅党附权门[⑩];班固盗窃父史[⑪];赵元叔抗竦过度[⑫];冯敬通浮华摈压[⑬];马季长佞媚获诮[⑭];蔡伯喈同恶受诛[⑮];吴质诋忤乡里[⑯];曹植悖慢犯法[⑰];杜笃乞假无厌[⑱];路粹隘狭已甚[⑲];陈琳实号粗疏[⑳];繁钦性无检格[㉑];刘桢屈强输作[㉒];王粲率躁见嫌[㉓];孔融、弥衡诞傲致殒[㉔];杨修、丁廙,扇动取毙[㉕];阮籍无礼败俗[㉖];

嵇康凌物凶终[27]；傅玄忿斗免官[28]；孙楚矜夸凌上[29]；陆机犯顺履险[30]；潘岳干没取危[31]；颜延年负气摧黜[32]；谢灵运空疏乱纪[33]；王元长凶贼自诒[34]；谢玄晖侮慢见及[35]：凡此诸人，皆其翘秀者[36]，不能悉记，大较如此[37]。

【注释】

① 轻薄：轻佻(tiāo)浮薄，不温柔敦厚。② 屈原……君过：屈原，战国楚国贵族，文学家，传见《史记》，《离骚》等相传是他所著，其中对楚王的不明作了讥刺。③ 宋玉……俳(pái)优：宋玉，战国时楚国文学家，屈原的后辈，相传是他写的《讽赋》《登徒子好色赋》里都说他长得漂亮。他又侍奉楚王，等于以乐舞等娱人的俳优。④ 东方……不雅：东方朔，字曼倩，西汉文学家，以滑稽侍奉汉武帝，传见《汉书》。⑤ 司马……无操：司马相如，字长卿，西汉文学家，传见《史记》，他曾投靠富人卓王孙，卓王孙女儿文君爱他，一同偷回成都，卓王孙不得已分了财物给他俩，“无操”即指此事。⑥ 王褒过章《僮约》：王褒，西汉文学家，传见《汉书》。《僮约》是他写的一篇文章，其中讲他到寡妇杨惠家里去，这在后来封建思想严重的人看来是过失。⑦ 扬雄德败《美新》：扬雄写过《剧秦美新》的文章，用否定秦朝来歌颂王莽的新朝，由于后来王莽垮台，写这文章就成为失德的行为。⑧ 李陵降辱夷虏：李陵本是西汉时大将，因后人伪造他给苏武的诗，所以也把他当作文学家。他因战败力竭降了匈奴，传附见《史记·李将军传》。⑨ 刘歆反覆莽世：刘歆是刘向之子，西汉大学者，起初支持王莽，后反莽

不成而自杀，传附见《汉书·楚元王传》。⑩ 傅毅党附权门：傅毅，东汉文学家，曾为外戚大将军窦宪的司马，传见《后汉书》。⑪ 班固盗窃父史：班固的《汉书》是以其父班彪的史稿为基础续成的，但司马迁的《史记》也用过其父司马谈的旧稿，这是当时修史的习惯，本无可厚非，到颜之推时已不习惯这种做法，所以说成盗窃。⑫ 赵元叔抗竦(sǒng)过度：赵壹字元叔，东汉文学家，恃才倨傲，见显贵司徒袁逢仅是长揖，传见《后汉书》。抗竦就是高抗竦立。⑬ 冯敬通浮华摈压：冯衍字敬通，东汉文学家，人们说他“文过其实”，压制他不予重用，传见《后汉书》。⑭ 马季长佞(nìng)媚获诮(qiào)：马融字季长，东汉经学家、文学家，佞媚外戚梁冀，为正直者所羞，传见《后汉书》。佞是用花言巧语去谄媚，诮是讥嘲。⑮ 蔡伯喈(jiē)同恶受诛：蔡邕字伯喈，东汉文学家，曾为董卓擢用，王允诛董卓，蔡邕言之而叹，被王允治罪，死于狱中，传见《后汉书》。同恶本指共同作恶，这里是指党同罪人的意思。⑯ 吴质诋忤(wǔ)乡里：吴质，曹魏文学家，不与乡里往来应酬，受到歧视，传附见《三国志·魏志·王粲传》。⑰ 曹植悖慢犯法：曹植本封陈王，因醉酒悖慢贬为安乡侯，传见《三国志·魏志》。⑱ 杜笃乞假无厌：杜笃，东汉文学家，和当地县令往来，多次以私事乞求，终至闹翻，传见《后汉书》。乞假就是借贷。⑲ 路粹隘(ài)狭已甚：路粹，东汉末在曹魏的文学家，传见《三国志·魏志·王粲传》注。隘狭，气量狭小。⑳ 陈琳实号粗疏：陈琳，曹魏文学家，传见《三国志·魏志》。粗疏，粗率疏急。㉑ 繁(pó)钦性无检格：繁钦，在曹魏的文学家。传见《三国志·魏志·王粲传》注。检格，即法式。㉒ 刘桢屈强输作：刘桢，在曹魏的文学家，因事受罚，配在尚方磨石，传附见《三国志·魏志·王粲传》及注。屈强即倔强，输作就是罚做苦工。㉓ 王粲率躁(zào)见嫌：王粲"性躁竞"，见《三国志·魏志·杜袭传》，率是轻率，躁是急躁不安静，竞是竞争，急于做官。㉔ 孔融……致殒：孔融，东汉末文学家，因言论偏激，得罪曹操被杀，传见《后汉书》。弥衡，东汉末文学家，因傲慢被黄祖所杀，传见《后汉书》。㉕ 杨修……取毙：杨修、丁廙(yì)，在曹魏的文学家，都是曹植的党羽，想帮助曹植做上太子，结果失败，先后被曹操、曹丕所杀，杨修传见《后汉书》，丁廙传见《三国志·魏志·陈思王植传》注。扇动，即煽动，指煽动曹植争做太子。㉖ 阮籍无礼败俗：阮籍母死，与人围棋不停止，人家去吊丧，他醉而直视，这在当时都算不讲礼仪败风俗。㉗ 嵇康凌物凶终：钟会去看嵇康，嵇康不为之礼，钟会在司马昭前进谗杀害嵇康。凌物，欺凌别人。凶终，不得善终，被杀。㉘ 傅玄忿(fèn)斗免官：傅玄，西晋文学家，与人争论喧哗而被免官，传见《晋书》。忿，同"愤"。㉙ 孙楚矜(jīn)夸凌上：孙楚，西晋文学家，以才气自负，对上级不礼貌，传见《晋书》。矜夸，夸耀自己长处。㉚ 陆机犯顺履险：陆机，西晋文学家，赵王司马伦专权篡位，而陆机为其僚属，传见《晋书》。犯顺，指造反作乱。履险，指干危险的事情。㉛ 潘岳干没取危：潘岳，西晋文学家，性轻躁，趋世利，其母教训他："尔当知足，而干没不已乎?"最终为赵王伦所杀，传见《晋书》。干没，侥幸取利的意思。㉜ 颜延年负气摧黜：颜延之字延年，南朝刘宋文学家，因作《五君咏》，为宋文帝免职，传见《宋书》。负气：恃其意气不能屈居人下。㉝ 谢灵运空疏乱纪：谢灵运，刘宋文学家，以谋叛被杀，传见《宋书》。空疏，指没有实在的本领。乱纪，作乱。㉞ 王元长凶贼自诒(yí)：王融字元长，南齐文学家，齐武帝死，他拥立竟陵王萧子良，不成被杀，传见《南齐书》。凶贼自诒，凶逆作乱终于自己害了自己。㉟ 谢玄晖侮慢见及：谢朓(tiǎo)字玄晖，南齐文学家，因轻视江祏(shí)，被陷害死于狱中，传见《南齐书》。见及，这里指被害。㊱ 翘秀：翘楚秀出，高出于众人的。㊲ 大较：大略，大概。

至于帝王，亦或未免。自昔天子而有才华者，唯汉武、魏太祖、文帝、明帝、宋孝武帝①，皆负世议，非懿德之君也②。自子游、子夏、荀况、孟轲、枚乘、贾谊、苏武、张衡、左思之俦③，有盛名而免过患者，时复闻之，但其损败居多耳④。每尝思之，原其所积⑤，文章之体，标举兴会⑥，发引性灵⑦，使人矜伐⑧，故忽于持操⑨，果于进取⑩。今世文士，此患弥切⑪，一事惬当⑫，一句清巧⑬，神厉九霄⑭，志凌千载，自吟自赏，不觉更有傍人。加以砂砾所伤⑮，惨于矛戟，讽刺之祸，速乎风尘⑯。深宜防虑，以保元吉⑰。

【注释】

① 汉武：西汉武帝刘彻。魏太祖：曹魏武帝曹操。文帝：曹魏文帝曹丕。明帝：曹魏明帝曹叡(ruì)。宗孝武帝：刘宋孝武帝刘骏。② 懿德：美德。③ 子游：姓言名偃字子游，孔子弟子，以文学见称，传见《史记·仲尼弟子列传》。

子夏：姓卜名商字子夏，孔子弟子，也以文学见称，传见《仲尼弟子列传》。荀况：荀子名况。孟轲：孟子名轲。枚乘：西汉文学家，传见《汉书》。贾谊：西汉文学家、政治家，传见《史记》。苏武：西汉人，以出使匈奴不屈节知名，因后人伪造他的诗，因而被列举在这里，传附见《汉书·苏建传》。张衡：东汉科学家、文学家，传见《后汉书》。左思：西晋文学家，传见《晋书》。俦：同一类的人物。④ 损败：损丧败坏。⑤ 所积：积本是一种病，如寒积、食积所积就是指所以气积，也就是指病因。⑥ 标举：高超。兴（xìng）会：兴致。⑦ 发引：触发引动。⑧ 矜伐：夸耀才能或功绩。⑨ 持操：讲究操守，讲究品行。⑩ 果于：果是果敢，果于就是勇于、敢于。进取：这里指追求富贵利禄。⑪ 弥切：更加深切。⑫ 事：这里指用事，即所引用的典故，南北朝人做诗做骈文都讲究用好典故。惬（qiè）当：满意，恰当。⑬ 清巧：清新精巧。⑭ 厉：上。九霄：天的极高处。⑮ 砂砾（lì）所伤：砂砾是细碎的砂粒小石子，砂砾所伤指细小的伤害。⑯ 风尘："尘"可能是"霆"，风霆就是疾风迅雷。⑰ 元吉：元是大，吉是福。

学问有利钝①，文章有巧拙。钝学累功，不妨精熟；拙文研想，终归蚩鄙。但成学士，自足为人；必乏天才，勿强操笔。吾见世人，至无才思，自谓清华②，流布丑拙③，亦以众矣④，江南号为"诊痴符"⑤，近在并州⑥，有一士族，好为可笑诗赋，诋撇邢、魏诸公⑦，众共嘲弄，虚相赞说，便击牛酾酒⑧，招延声誉。其妻明鉴妇人也，泣而谏之，此人叹曰：“才华不为妻子所难容，何况行路[9]！”至死不觉。自见之谓明[10]，此诚难也。

【注释】

①利钝：这里指聪慧和愚笨。②清华：清新华丽。③丑拙：丑恶拙劣。④以：同“已”。⑤诊(líng)痴符：古代方言，指没有才学而好夸耀的人。诊是叫卖，诊痴就是叫卖痴呆。⑥并(bīng)州：治所晋阳，即今山西太原。⑦诶(tiǎo)撇：以言戏人。邢、魏：邢邵和魏收，都是北齐文学家、大名人，传均见《北齐书》。⑧击牛：宰牛，古人常宰牛宴客。酾(shī)：斟酒。⑨行路：行路之人，不相干的人。⑩自见之谓明：这见于《韩非子·喻老》，说自己能看得清自己就称得上“明”。

学为文章，先谋亲友，得其评裁[1]，知可施行[2]，然后出手，慎勿师心自任[3]，取笑旁人也。自古执笔为文者，何可胜言，然至于宏丽精华[4]，不过数十篇耳。但使不失体裁，辞意可观，便称才士。要须动俗盖世[5]，亦俟河之清耳[6]。

【注释】

①裁：裁决，判断。②施行：用得上，拿得出去。③师心自任：师心，指以己心为师。师心自任，指固执己见自以为是。今多作“师心自用”。④宏丽：壮丽。精华：精粹。

⑤ 动：惊动。盖：压倒。⑥ 俟（sì）：等待。河之清：河指黄河，黄河因上游河床受冲刷而杂有大量泥沙，呈黄色，不得澄清，所以古人把河清看作稀罕难有、一辈子也等不到的事情。

……

凡为文章，犹人乘骐骥[①]，虽有逸气[②]，当以衔勒制之[③]，勿使流乱轨躅[④]，放意填坑岸也[⑤]。

【注释】

① 骐骥（qí jì）：日行千里的良马。② 逸气：俊逸之气。③ 衔：横在马口中备抽勒的铁。勒：套在马头上带嚼口的笼头。④ 流：行动无定。轨躅（zhuó）：轨迹。⑤ 放意：恣意。填坑岸：跌进坑岸下。

文章当以理致为心膂[①]，气调为筋骨[②]，事义为皮肤[③]，华丽为冠冕[④]。今世相承，趋末弃本[⑤]，率多浮艳，辞与理竞，辞胜而理伏，事与才争，事繁而才损，放逸者流宕而忘归[⑥]，穿凿者补缀而不足[⑦]。时俗如此，安能独违，但务去泰去甚耳。必有盛才重誉，改革体裁者，实吾所希。

【注释】

① 理致：义理意致。心膂（lǚ）：心和脊骨，表示最核心

紧要之处。② 气调：气韵格调。③ 事义：用事即用典合宜。④ 华丽：指辞藻华丽。⑤ 末：指华丽。本：指理致、气调、事义。⑥ 流宕（dàng）：流荡。⑦ 穿凿：附会，任意牵合。

古人之文①，宏材逸气，体度风格②，去今实远，但辑缀疏朴，未为密致耳③。今世音律谐靡，章句偶对④，讳避精详，贤于往昔多矣⑤。宜以古之制裁为本，今之辞调为末，并须两存，不可偏弃也。

……

【注释】

① 古人之文：这指骈文流行之前的先秦两汉文章。② 体度：体势气度。③ 辑缀……密致：这是颜之推用骈文的标准来要求古人之文，从而产生的偏见。辑缀，缝接拼合，指文章的撰写联缀。④ 音律……偶对：这都是骈文的特征。⑤ 贤于往昔多矣：这“往昔”指骈文流行前的古人之文，说贤于往昔，也是颜之推的偏见。

【翻译】

文章，都源出于《五经》：诏、命、策、檄，是《书》所派生；序、述、论、议，是《易》所派生；歌、咏、赋、颂，是《诗》所派生；祭、祀、哀、诔，是《礼》所派生；书、奏、箴、铭，是《春秋》所派生，朝廷的宪章，军旅的誓、诰，宣扬仁义，彰明功德，对治民建国来说是不能一刻没有的。至于陶冶性灵，从容讽谏，能够体会其中的滋味，也是人生乐事，如有多余的精力，自可以学习。然而从古以来的文人，多失于轻薄：屈原夸扬才能，公开暴露君主的过错；宋玉长相美丽，被君主当作俳优；东方曼倩，言辞滑稽而欠大雅；司马长卿，偷窃资财而无操行；王褒的过失见于《僮约》；杨雄的品德坏于《美新》；李陵降辱于夷虏；刘歆反覆于新莽；傅毅党附权门；班固盗取父史；赵元叔性高抗而过度，冯敬通因浮华被摈压；马季长佞媚而被诮；蔡伯喈同恶而受诛；吴质诋忤于乡里；曹植悖慢而犯法；杜笃乞求借贷无厌；路粹气量狭小过分；陈琳确实粗疏；繁钦性无检格；刘桢仍倔强于输作；王粲因轻躁被嫌弃；孔融、弥衡以诞傲殒命；杨修、丁廙以煽动取死；阮籍以无礼败坏风俗；嵇康以凌物不得善终；傅玄愤斗而免官；孙楚矜夸以凌上；陆机冒险作乱，潘岳干没致危；颜延年负气被摧黜；谢灵运空疏而乱纪；王元长凶逆被杀；谢玄晖侮慢遇害。以上这些，都是其中翘楚秀出的，不能统统的记起，大体如此。至于帝王，有的也未能避免这类毛病。从古做上天子并有才华的，只有汉武帝、魏太祖、魏文帝、魏明帝、宋孝武帝，都被世人讥议，不算有美德的人君。从子游、子夏、荀况、孟轲到枚乘、贾谊、苏武、张衡、左思一流人物，享有盛名而免于过失祸患的，也时常听到，只是其中损丧败坏的占多数。对此我常思考，寻找病根，当是由于文章这样的东西，要标举兴会，发引性灵，这就会使人夸耀才能，从而忽视操守，敢于进取。在现代文士身上，这种毛病更加深切，一个典故用得恰当，一个句子做得清巧，就会心神上达九霄，意气下凌千年，自己咏吟自己欣赏，不知道身边还有别人。加以砂砾伤人，会比矛戟更狠毒；讽刺招祸，会比风尘更迅速。应该认真思考防范，来保有元吉。

学问有利和钝，文章有巧和拙，学问钝的人积累功夫，不妨达到精熟；文章拙的人钻研思考，终究难免陋劣。其实只要有了学问，就是以自立做人，真是缺乏天才，就不必勉强执笔写文。我见到世人中间，有极其缺乏才思，却还自命清华，让丑拙的文章流传在外的，也很众多了，这在江南被称做"诊痴符"。近来在并州地方，有个士族出身的，喜欢做引人发笑的诗赋，还和邢邵、魏收诸公开玩笑，人家嘲弄他，假意称赞他，他就杀牛斟酒，请人家帮他扩大影响。他的妻是个心里清楚的女人，哭着劝他，他却叹着气说："我的才华不被妻子所承认，何况不相干的人！"到死也没有醒悟。自己能看清自己才叫明，这确实是不容易做到的。

学做文章，先和亲友商量，得到他们的评判，知道拿得出去，然后出手，千万不能师心自用，为旁人所取笑。从古以来执笔写文的，多得说也说不清，但真能做到宏丽精华的，不过几十篇而已。只要体裁没有问题，辞意也还可观，就可称为才士。但要当真惊动流俗压倒当世，那也就像黄河澄清那样不容易等待到了。

……

凡是做文章，好比人骑的千里马，虽有俊逸之气，还得用衔勒来控制它，不要让它乱了轨迹，恣意跃进坑岸之下。

文章要以义理意致为心膂，气韵格调为筋骨，用事合宜为皮肤，辞藻华丽为冠冕。如今相因袭的，都是趋末弃本，多求浮艳，辞藻和义理相竞，辞藻胜而义理伏，用事和才思相争，用事繁而才思损，放逸的流荡而忘归，穿凿的补缀而不足。时世习俗如此，也不好独自立异，但求不要做得太过头。真出个负重名的大才，对这种体裁有所改革，那才是我所盼望的。

古人的文章，宏材逸气，体度风格，比如今的真高出很多，只是在缉缀上还粗疏质朴，没有能周密细致而已。如今的文章音律和谐靡丽，章句骈偶对称，避讳精细详密，则比古人的高明多了。应该用古人的制裁为本，如今的辞调为末，这两方面都要做好，不可以偏废。

……

名实第十

照道理，名是跟随实来的，一个人真正好，在某些方面有特殊的表现，自然得到人们的称赞，会有好的名声。但也有些思想有毛病的人，为了图好名声而作种种伪装，于是出现了名与实不相符的问题。这篇《名实》就讲这个问题，指出以巧伪来图虚名总归要败露，其中有些话在今天仍有教育意义。

名之与实，犹形之与影也。德艺周厚①，则名必善焉；容色姝丽②，则影必美焉。今不修身而求令名于世者，犹貌甚恶而责妍影于镜也。上士忘名③，中士立名，下士窃名。忘名者，体道合德④，享鬼神之福祐⑤，非所以求名也；立名者，修身慎行，惧荣观之不显⑥。非所以让名也；窃名者，厚貌深奸⑦，干浮华之虚称⑧，非所以得名也。

【注释】

① 德艺：德行才艺。周厚：周备深厚。② 姝（shū）：美丽。③ 上士：这士是士大夫的“士”，上士即高水平的人，但

这“人”不包括被统治阶级在内，下文的中士、下士也应如此解释。④ 体道：以道为本体。合德：与道德相融合。⑤ 享鬼神之福祐：这是古人的迷信话。⑥ 荣观：荣名，荣誉。⑦ 厚貌深奸：外表敦朴内心奸险。⑧ 干：干求，谋求。浮华：华而不实。虚称：虚名。

……

吾见世人，清名登而金贝入[①]，信誉显而然诺亏[②]，不知后之矛戟，毁前之干橹也[③]！虙子贱云[④]：“诚于此者形于彼[⑤]。”人之虚实真伪在乎心，无不见乎迹，但察之未熟耳[⑥]。一为察之所鉴，巧伪不如拙诚，承之以羞大矣[⑦]。伯石让卿[⑧]，王莽辞政[⑨]，当于尔时，自以巧密，后人书之，留传万代，可为骨寒毛竖也[⑩]。近有大贵，以孝著声，前后居丧，哀毁逾制[⑪]，亦足以高于人矣；而尝于苫块之中[⑫]，以巴豆涂脸[⑬]，遂使成疮，表哭泣之过，左右童竖，不能掩之，益使外人谓其居处饮食皆为不信。以一伪丧百诚者，乃贪名不已故也！

【注释】

① 登：升，这里指播扬。金贝：金钱。② 然诺：许诺。亏：亏损，这里指许诺了不兑现。③ 后之……干橹：干，即盾，盾牌，古代防御刀剑用的东西。橹(lǔ)：大盾牌。后之矛戟指“金贝入”、“然诺亏”，前之干橹指“清名”、“信誉”，这句话就是说名实矛盾不一致。④ 虙(fú)子贱：孔子弟子，姓虙名子贱，这话见于《孔子家语·屈节》。⑤ 形：通

"刑"、"型",做出榜样。⑥ 熟:精审,仔细。⑦ 承之以羞:《易·恒》有"不恒其德,或承之羞"的话,意思是不能经常保有其德,羞辱就可能到来。⑧ 伯石让卿:春秋时郑国叫太史任命伯石为卿,伯石假意推辞,太史走后,他又叫太史再来任命自己,这样假意推辞了三次才接受,见《左传》襄公三十年。⑨ 王莽辞政:东汉末王莽一再推辞不当大司马,其实也是伪装,见《汉书·王莽传》。大司马在当时是掌握最高权力的。⑩ 骨寒毛竖:骨头发冷,汗毛竖起,大吃一惊的意思。⑪ 哀毁:哀痛得使身体容貌都受到了损毁。⑫ 苫(shān)块之中:苫,草荐。块,土块。古礼居父母之丧时要垫草荐,枕土块,因而又把"苫块之中"作为居丧的代称。⑬ 巴豆:一种植物,种子可入药,但有大毒。

有一士族,读书不过二三百卷,天才钝拙,而家世殷厚,雅自矜持[①],多以酒犊珍玩[②],交诸名士。甘其饵者[③],递共吹嘘[④],朝廷以为文华,亦尝出境聘[⑤]。东莱王韩晋明笃好文学[⑥],疑彼制作,多非机杼[⑦],遂设宴言[⑧],面相讨试。竟日欢谐,辞人满席[⑨],属音赋韵[⑩],命笔为诗,彼造次即成[⑪],了非向韵[⑫],众客各自沉吟,遂无觉者。韩退叹曰:"果如所量。"……

【注释】

① 雅:素常,向来。矜持:装出端庄严肃的模样。② 酒犊(dú):犊是小牛,酒犊就是牛酒,即杀牛备酒办宴会。珍玩:珍宝玩好,用来赠送名士们。③ 甘:这里是感兴

趣的意思。饵:本指引鱼上钩的食物,引申为诱饵,即用来引诱人家的东西,如这里所说的"酒犊珍玩"之类。④ 递:一个接一个地。吹嘘:这里指不符实际地吹捧。⑤ 聘:古代国与国之间派使者访问叫聘,这里指南朝的萧梁去北朝的北齐聘问。⑥ 东莱王韩晋明:北齐韩晋明,韩轨之子,封东莱王,传附见《北齐书·韩轨传》。其中说:"诸勋贵子孙中,晋明最留心学问。"⑦ 机杼(zhù):本指织布机,引申为纺织,再引申为文章的命意构思。⑧ 宴言:宴会叙谈。⑨ 辞人:这里指诗人。⑩ 属(zhǔ)音赋韵:属,连接,做诗要把一个个字连接成句。赋,赋诗,即做诗。诗要讲押韵,所以这"属音赋韵"就是做诗的意思。⑪ 造次:匆忙,轻率。⑫ 了:全然。

治点子弟文章①,以为声价②,大弊事也。一则不可常继,终露其情;二则学者有凭,益不精励。

邺下有一少年,出为襄国令③,颇自勉笃,公事经怀,每加抚恤,以求声誉。凡遣兵役,握手送离,或赍梨枣饼饵④,人人赠别,云:"上命相烦,情所不忍,道路饥渴,以此见思⑤。"民庶称之,不容于口⑥。及迁为泗州别驾⑦,此费日广,不可常周。一有伪情,触涂难继⑧,功绩遂损败矣。

……

【注释】

① 治:整治,修改。点:点窜,涂改。② 声价:声望和

身份。③ 襄国：县名。当时属于襄国郡，在今河北邢台西南。④ 赍(jī)：以物送人。饵：这里指糕饼。⑤ 见思：表示思念之情。⑥ 不容于口：不是口说所能说得完。⑦ 泗州：北周末设置，治所宿豫，在今江苏宿迁东南。别驾：州的长官叫刺史，刺史下面最重要的辅佐官叫别驾。⑧ 触涂：触处，到处。

【翻译】

名的对于实，好比形的对于影。德艺周厚，那名就一定好；容貌美丽，那影就一定美。如今不修身而想在世上传好的名，就好比容貌很丑而要求镜子里现出美的影子。上士忘名，中士立名，下士窃名。忘名，就是体道合德，享受鬼神的福祐，而不是用来求名的；立名，就是修身慎行，生怕荣名会被埋没，而不是为了让名的；窃名，就是外朴内奸，谋求浮华的虚名，而不是真能得名的。

……

我见到世上的人，清名播扬但金钱暗入，信誉昭著但然诺有亏，真不知是不是后面的矛戟，在捣毁前面的干橹啊！虙子贱说过："在这件事上做得真诚，就给另件事树立了榜样。"人的虚或实，真或伪固然在于心，但没有不在行动上流露出来的，只是观察得不仔细罢了。一旦观察得真切，那种巧于作伪就还不如拙而诚实，接着招来的羞辱也够大的。伯石的推让卿位，王莽的辞谢政权，在当时自以为既巧又密，可是被后人记载下来，留传万世，就叫人看了骨寒毛竖了。近来有个大贵人，以孝著称，先后居丧。哀痛毁伤过度，这也是以显得高于一般人了；可他在苫块之中，还用巴豆来涂脸，有意使脸上成疮，来显出他哭泣得多么厉害，但这种做作不能蒙过身旁童仆的眼睛，反而使外边人说他丧中的居处饮食都在伪装。由于一件伪装毁掉了百件真，就是贪名不足的结果啊！

有一个士族，读的书不过二三百卷，天分笨拙，可家世殷实富足，他向来矜持，多用牛酒珍玩来结交那些名士。名士中对牛酒珍玩感兴趣的，一个个接着给他吹嘘，使朝廷也认为他有文采才华，使他曾出境聘问。齐东莱王韩晋明深爱文学，对他的作品发生怀疑，怀疑多数不是他本人所命意构思，就设宴叙谈，当面讨论测试。当时整天欢乐和谐，诗人满座，属音赋韵，提笔作诗，这个士族造次间就写成，可全然没有向来的韵味，好在客人们各自在沉思吟味，没有发觉。韩晋明宴会后叹息道："果真像我们所估量的那样。"……

修改子弟的文章，来抬高声价，是一大坏事。一则不能经常如此，终究要透露出真情来；二则正在学习的子弟有了依赖，更加不肯专心努力。

邺下有个少年，出任襄国县令，很能勤勉，公事经手，常加抚恤，来谋求声誉。每派遣兵差，都要握手相送，有时还拿出梨枣糕饼，人人赠别，说："上边有命令要麻烦你们，我感情上实在不忍，路上饥渴，送这些以表思念。"民庶对他称道，不容于口。到迁任泗州别驾，这种费用一天天增多，不可能经常办到。可见一有虚假，就到处难以相继，原先的功绩也随之而毁失。

……

涉务第十一

经过东晋到南朝后期，门阀制度在南方已日趋没落，士族的子弟除摆空架子外几乎全不能办实事，政府要办实事不得不转而借重士族看不起的庶族寒人。颜之推自己虽然也出身士族，但已看到这个问题的严重性，所以专门写了这篇《涉务》，对不办实事形同废物的士族子弟进行谴责。所谓涉务，就是办实事的意思。

士君子之处世，贵能有益于物耳，不徒高谈虚论，左琴右书①，以费人君禄位也！国之用材，大较不过六事：一则朝廷之臣，取其鉴达治体②，经纶博雅③；二则文史之臣④，取其著述宪章，不忘前古⑤；三则军旅之臣，取其断决有谋，强干习事⑥；四则藩屏之臣⑦，取其明练风俗⑧，清白爱民⑨；五则使命之臣⑩，取其识变从宜⑪，不辱君命⑫；六则兴造之臣⑬，取其程功节费⑭，开略有术⑮：此则皆勤学守行者所能办也⑯。人性有长短，岂责具美于六涂哉⑰？但当皆晓指趣⑱，能守一职，便无愧耳。

【注释】

① 左琴右书：弹琴读书，是南北朝士大夫们自以为风雅的事情。② 治体：治理国家的体要，即治理国家的体制纲要。③ 经纶：本是整理丝缕，引申为安排处理国家大事。博雅：学识渊博纯正。④ 文史之臣：这文史不是指文学和史学，而是指先秦西汉时的文史之臣，即在帝王身边主管文书档案、撰作诏令典章的人。⑤ 不忘前古：前古就是先古、古代。我国在旧民主主义革命以前有一种“凡古必好”的错误观念，尽管是新办法也要打着“古已有之”的旗号，因此这里要说什么“不忘前古”。⑥ 强干：能力强。习事：办事熟练。⑦ 藩屏之臣：藩屏，是屏障的意思，藩屏之臣就是地方高级长官如州的刺史、郡的太守，他们都是中央的藩屏。⑧ 明练：了解熟悉。⑨ 清白：干净，不贪污。⑩ 使命之臣：奉命出使邻国之臣。⑪ 识变从宜：懂得权变，会随机应变。⑫ 不辱君命：当时的使臣都秉承君命和对方交涉，不辱君命，就是不使君命受到折辱，也就是完成了使命。⑬ 兴造之臣：兴造，兴建营造，即今天所谓管土木建筑的。⑭ 程功：考核工程进度。节费：节省费用。⑮ 开略：打开思路，想出办法。⑯ 守：奉行，认真做好。⑰ 责：一定要求。具：都，完全。⑱ 指趣：也写作“旨趣”，大意，要旨。

吾见世中文学之士，品藻古今①，若指诸掌②，及有试用，多无所堪③。居承平之世④，不知有丧乱之祸；处庙堂之下⑤，不知有战陈之急⑥；保俸禄之资⑦，不知有耕稼之苦；肆吏民之上⑧，不知有劳役之勤：故难可以应世经务也⑨。晋朝南渡，优借士族⑩，故江南冠带有才干者⑪，擢为令、仆已下尚书郎、中书舍人已上⑫，典掌机要。其余文义之士，多迂诞浮华⑬，不涉世务，纤微过失，又惜行捶楚⑭，所以处于清高，盖护其短也。至于台阁令史⑮、主书监帅⑯、诸王签省⑰，并晓习吏用，济办时须，纵有小人之态，皆可鞭杖肃督，故多见委使，盖用其长也。人每不自量，举世怨梁武帝父子爱小人而疏士大夫⑱，此亦眼不能见其睫耳⑲。

【注释】

① 品藻：评议。② 指诸掌：通称“指掌”，有两个意思，一是说浅显易明，一是说做得容易，这里是后一个意思。③ 堪：能承受，胜任。④ 承平：累代相承太平。⑤ 庙堂：这里指朝廷。⑥ 战陈：陈是“阵”的本字，古代作战要列阵，战阵就是作战打仗。⑦ 俸（fèng）禄：古代官员任职的正常报酬。资：供给。⑧ 肆：任意放纵。⑨ 应世经务：应付时世和处理政务。⑩ 优借：优待假借，优待宽容。⑪ 冠带：士大夫、士族的代称，因为他们都戴冠束带。⑫ 令、仆：尚书省的长官尚书令和副职尚书左、右仆射（yè）。尚书省是当时的中央最高行政机关。尚书郎：南朝梁时尚书省分二十二曹，每个曹设郎一人，总称尚书郎，是清贵显要之职。中书舍人：南朝梁时在中书省下设置，任起草诏令之职，参与机密，也是清贵显要之职。⑬ 迂诞：迂阔荒诞。⑭ 惜：舍不得。捶楚：杖责。原先对失职的中下级官可以杖责，即使尚书郎也难免，从南齐起尚书郎成为清贵显要就再没有杖

责的事情了。⑮ 台阁令史：台阁指尚书省，令史是尚书省里的低级办事人员。⑯ 主书：也是尚书省里的低级办事人员。监帅：应是当时派到地方上的监察人员，其详已不可考。⑰ 诸王签省：南朝在外任的亲王处设有典签，本为处理文书的小吏，但实际上对这些亲王起监督作用，这里的“签”就是典签。省则是州郡里的省事，也是低级办事人员。⑱ 梁武帝父子：指梁武帝萧衍和他的儿子梁简文帝萧绎、梁元帝萧纲。⑲ 睫（jié）：眼睫毛。

梁世士大夫，皆尚褒衣博带，大冠高履①，出则车舆②，入则扶侍，郊郭之内③，无乘马者。周弘正为宣城王所爱④，给一果下马⑤，常服御之，举朝以为放达⑥。至乃尚书郎乘马，则纠劾之⑦。及侯景之乱，肤脆骨柔，不堪行步，体羸气弱⑧，不耐寒暑，坐死仓猝者⑨，往往而然。建康令王复⑩，性既儒雅，未尝乘骑，见马嘶歕陆梁⑪，莫不震慑，乃谓人曰：“正是虎，何故名为马乎？”其风俗至此。

……

【注释】

① 高履：高齿屐。② 舆：本是车，这里指肩舆。用两根长竿，中设软坐。人坐在下面，让人抬着走，东晋南朝士大夫中最流行，是轿子的前身。③ 郊：在城外，离城不太远一般在几十里以内的地方。郭：外城，在城外围加筑的一圈高墙。④ 周弘正：梁陈时文士，传见《陈书》。宣城王：南

朝梁武帝萧衍的嫡长子萧大器，曾封宣城郡王。⑤ 果下马：一种小巧易骑的马，果树一般很矮，而这种马只有三尺高，可在果树下行走，所以叫果下马，供富贵人平时乘坐。⑥ 放达：率性而为，不为世俗之见所拘束。⑦ 纠劾：纠察弹劾。⑧ 羸（léi）：瘦弱。⑨ 仓猝：匆忙。⑩ 建康：晋南朝的都城，即今江苏南京。⑪ 歕（pēn）：同“喷”，这里指马的喷气。陆梁：跳掷，强横不驯的样子。

【翻译】

士君子的处世，贵在能够有益于事物，不能光是高谈空论，左琴右书，白白浪费君主给他的俸禄官位啊！国家的使用人材，大体不外六个方面：一是朝廷之臣，用他能通晓治体，经纶博雅；二是文史之臣，用他能撰写典章，不忘先古；三是军旅之臣，用他能决断有谋，强干习事；四是藩屏之臣，用他能熟悉风俗，清白爱民；五是使命之臣，用他能随机应变，不辱君命；六是兴造之臣，用他能程功节用，多出主意：这都是勤奋学习、认真工作的人所能办到的。只是人的秉性各有短长，怎可以一定要求这六个方面都做好呢？只要对这些都通晓大意，而做好其中的一个方面，也就无所惭愧了。

我见到世上的文学之士，评议古今，好似指掌一般，等有所试用，多数不能胜任。处在承平之世，不知道有丧乱之祸；身在朝廷之上，不知道有战陈之急；保有俸禄供给，不知道有耕稼之苦；纵肆吏民头上，不知道有劳役之勤：这样就很难应世经务了。晋朝南渡，对士族优待宽容，因此江南冠带中有才干的，就升擢到尚书令、仆以下尚书郎、中书舍人以上，执掌机要。其余只懂得点文义的多数迂诞浮华，不会处理世务，有了点小过错，又舍不得杖责，因而把他们放在清高的位置上，来给他们护短。至于那些台阁令史、主办监帅、诸王签省，都对工作通晓熟练，能按需要完成任务，纵使流露出小人的情态，还可以鞭打监督，所以多被委任使用，这是在用他们的长处。人每每不能自量，世上都在抱怨梁武帝父子喜欢小人而疏远士大夫，这也就像眼睛不能看到眼睫毛了。

梁朝的士大夫，都流行宽袍博带、大冠高履，外出可乘车舆，回家有人扶持，在郊郭以里，没有谁骑马的。周弘正为宣城王所亲爱，宣城王给他一匹果下马，他常常骑上，通朝廷都说他放达。至于尚书郎骑了马，则会被朝廷纠察弹劾。到侯景之乱时，这些士大夫肤脆骨柔，走不了路，体羸气弱，耐不得寒暑，仓猝间坐而等死的，到处都是。有个建康令叫王复的，性情既儒雅，又不曾骑过马，一看到马在嘶叫喷气跳掷不驯，没有一次不震骇恐惧，对人家说："这正是头老虎，为什么叫它马啊？"当时的风俗一至于此。

……

省事第十二

这《省事》篇的所谓省事，是讲要省些事，即有些事不必做、不该做，犹今人所说“多一事不如少一事”。但这种见解在很多场合其实是错误的，如今天只要是有利于国家人民的事就应该出力去做，决不能省。即使在古代，一味省事也未见得就是正人君子。因此，这里只选译了开头所讲技能不必太多而应专精的一段，这在今天学习上还不无参考价值。

铭金人云[①]：“无多言，多言多败；无多事，多事多患。”至哉斯戒也！能走者夺其翼，善飞者减其指，有角者无上齿，丰后者无前足，盖天道不使物有兼焉也。古人云：“多为少善，不如执一；鼫鼠五能，不成伎术[②]。”近世有两人，朗悟士也[③]，性多营综[④]，略无成名，经不足以待问，史不足以讨论，文章无可传于集录[⑤]，书迹未堪以留爱玩[⑥]，卜筮射六得三[⑦]，医药治十差五[⑧]，音乐在数十人下，弓矢在千百人中，天文、画绘、棋博、鲜卑语、胡书、煎胡桃油、炼锡为银[⑨]，如此之类，略得梗概[⑩]，皆不通熟。惜乎！以彼神明[⑪]，若

省其异端⑫，当精妙也。

……

【注释】

① 铭金人云：见于《说苑·敬慎》，说孔子到周，在太庙前看到有个三缄其口的金人，背下铭文有“无多言……”等话。② 鼫（shí）鼠……伎术：鼫鼠即梧鼠，据说它能飞不能过屋脊，能爬不能到树顶，能游不能渡涧谷，能穴不能藏身体，能走不能超过人。③ 朗悟：聪明。④ 营综：经营。⑤ 集录：选录的本子。⑥ 书迹：字迹。⑦ 卜筮（shì）：卜是用龟壳卜，筮是用蓍（shī）草占，通称占卜，是古人相信的一种企图猜测未来的迷信活动。射六得三：射是猜测，用占卜猜中三次完全是偶然碰上，绝不是真有什么灵验。⑧ 差（chài）：病愈。⑨ 棋：是围棋。博：六博，古代的一种游戏，先秦时已出现，唐宋以后不再有人玩了。胡书：写鲜卑文字或西域少数民族的文字，当时通称他们为胡，所以把他们的文字称为“胡书”。炼锡为银：这当然是不可能的，因为锡和银是不同的化学元素，但古人认为可能，弄所谓“炼金术”之类，欧洲的炼金术就引导出化学这门科学。⑩ 梗（gěng）概：大概。⑪ 神明：这里指人的精神，灵气。⑫ 异端：正经学问以外的东西。

【翻译】

铭在金人身上的文字说：“不要多话，多话会多失败；不要多事，多事会多祸患。”对极了这个训诫啊！会走的不让生翅膀，善飞的减少其指头，长了双角的缺掉上齿，后部丰硕的没有前足，大概是天道不叫生物兼具这些东西吧！古人说："做得多而做好的少，还不如专心做好一件；鼫鼠有五种本事，可都成不了技术。"近代有两位，都是聪明人，喜欢多所经营，可没有一样成名，经学禁不起人家提问，史学够不上和人家讨论，文章不能入选流传，字迹不堪存留把玩，卜筮六次才有三次猜对，医治十人才有五人痊愈，音乐水平在几十人之下，弓箭技能在千百人之中，天文、绘画、棋博、鲜卑语、胡书、煎胡桃油、炼锡为银，诸如此类，只懂个大概，都不精通熟练。可惜啊！凭这两位的灵气，如果不去弄那些异端，应该很精妙了。

……

止足第十三

止足，一般写成“知足”。写成止足，是既有要满足、又含有要知止的意思。知止，就是讲做官、积财都该有个限度，财富太多、官位太高都容易招来祸患，不如有个限度得以平安过日子为好。这是南北朝时士族经历祸患后的经验之谈，和今天我们提倡的清廉、为人民服务是两种完全不同的阶级意识。

《礼》云[①]：“欲不可纵，志不可满。”宇宙可臻其极[②]，情性不知其穷，唯在少欲知止，为立涯限尔[③]。先祖靖侯戒子侄曰：“汝家书生门户，世无富贵[④]，自今仕宦不可过二千石[⑤]，婚姻勿贪势家[⑥]。”吾终身服膺[⑦]，以为名言也。

【注释】

①《礼》云：见于《礼记·曲礼上》。② 臻（zhēn）：至，到达。极：穷尽之处，边缘。③ 涯限：边限，限度。④ 世无富贵：颜之推家是士族，好多代都有做官的，这里所说世代没有“富贵”，只是指没有特大的富贵。⑤ 二千石：汉代郡

的太守每年俸禄为二千石粮食，以后“二千石”就成为太守的代称。这里指太守和中品级的中央官而言。⑥ 势家：有特殊权势之家。⑦ 服膺（yīng）：信服并谨记在心。

天地鬼神之道①，皆恶满盈，谦虚冲损②，可以免害。人生衣趣以覆寒露③，食趣以塞饥乏耳。形骸之内④，尚不得奢靡，己身之外，而欲穷骄泰邪⑤？周穆王、秦始皇、汉武帝富有四海⑥，贵为天子，不知纪极⑦，犹自败累⑧，况士庶乎⑨？常以二十口家，奴婢盛多不可出二十人，良田十顷⑩，堂室才蔽风雨，车马仅代杖策⑪，蓄财数万，以拟吉凶急速⑫。不啻此者⑬，以义散之⑭；不至此者，勿非道求之。

……

【注释】

① 天地鬼神之道：古人信鬼神，并以为天地也由神在主宰，所以会说“天地鬼神之道”这样的迷信话。② 冲：谦和。损：自己贬抑自己。③ 趣：旨趣，目的。④ 形骸（hái）：人的形体。⑤ 泰：骄恣，骄傲放肆。⑥ 周穆王：西周的周王姬满，传说他去西方巡游作乐，引起东方徐戎的反叛。秦始皇：秦始皇帝统一中国后虐用民力，到儿子秦二世皇帝胡亥就天下大乱，不久灭亡。汉武帝：西汉武帝刘彻，好大喜功，虐用民力，晚年多处爆发农民起义，还发生宫廷变乱。有四海：四海之内都为其所有，就是古人所说“普天之下，莫非王土”的意思。⑦ 纪极：有个限度，适可而止。

⑧ 败累(lèi):败坏受害。⑨ 士庶:士大夫和庶人(百姓)。⑩ 顷:田地一百亩为一顷。⑪ 杖策:扶着手杖。⑫ 拟:预备。吉凶:婚事丧事。急速:指急需,急用。⑬ 不啻(chì):不仅,不止。⑭ 义:合乎道理。

【翻译】

《礼》上说:“欲不可以放纵,志不可以满盈。”宇宙还可到达边缘,情性则没有个尽头。只有少欲知止,给立个限度。先祖靖侯教诫子侄说:“你家是书生门户,世代没有出现过大富大贵,从今做官不可超过二千石,婚姻不能贪图权势之家。”我终身服膺,认为是名言。

天地鬼神之道,都厌恶满盈,谦虚冲损,可以免害。人生穿衣服的目的是在覆盖身体以免寒冷袒露,吃东西的目的在填饱肚子以免饥饿乏力而已。形体之内,尚且无从奢侈靡费,自身之外,还要极尽骄泰吗?周穆王、秦始皇、汉武帝富有四海,贵为天子,不懂得适可而止,还招致败累,何况士庶呢?常认为二十口之家,奴婢最多不可超出二十人,有十顷良田,堂室才能遮挡风雨,车马仅以代替扶杖。积蓄上几万钱财,用来预备婚丧急用。已经不止这些,要合乎道理地散掉;还不到这些,也切勿用不正当的办法来求取。

……

诫兵第十四

战争是政治的继续，用兵有正义和非正义之分，这在今天是我们所熟知的。颜之推在这篇《诫兵》里不是讲这些问题，只是主张士大夫不该参预军事，并列举了历史上姓颜的多以儒雅知名，而喜武的常无成就、甚至不得好结局，来论证他这个主张。这是鉴于南北朝政局的动荡，为了保全身家性命而产生的思想，在当时也不见得十分正确，到今天自然早不适用了。

颜氏之先，本乎邹、鲁①，或分入齐②，世以儒雅为业，遍在书记③。仲尼门徒，升堂者七十有二，颜氏居八人焉④。秦汉魏晋，下逮齐梁，未有用兵以取达者。春秋世颜高、颜鸣、颜息、颜羽之徒⑤，皆一斗夫耳⑥。齐有颜涿聚⑦，赵有颜最⑧，汉末有颜良⑨，宋有颜延之⑩，并处将军之任，竟以颠覆。汉郎颜驷，自称好武⑪，更无事迹。颜忠以党楚王受诛⑫，颜俊以据武威见杀⑬，得姓已来，无清操者，唯此二人，皆罹祸败⑭。顷世乱离，衣冠之士⑮，虽无身手⑯，或聚徒众，违弃素

业⑰，侥幸战功⑱。吾既羸薄⑲，仰惟前代⑳，故置心于此㉑，子孙志之㉒。孔子力翘门关㉓，不以力闻，此圣证也㉔。吾见今世士大夫，才有气干㉕，便倚赖之，不能被甲执兵，以卫社稷，但微行险服㉖，逞弄拳擘㉗，大则陷危亡，小则贻耻辱，遂无免者。

【注释】

① 颜氏……邹、鲁：邹和鲁都是西周、春秋到战国时的诸侯国，都在以今曲阜为中心的山东东南地区，是儒家的发源地，颜之推认为他的远祖是孔子的大弟子颜回，所以这么说。② 齐：西周、春秋、战国的诸侯国。③ 书记：这里是书籍记载的意思。④ 仲尼……人焉：孔子弟子中学问高的用“升堂”来比喻，意思是已上得了学问的厅堂。据说这升堂的有七十二人，其中姓颜的有颜回、颜无繇（yáo）、颜幸、颜高、颜祖、颜之仆、颜哙（kuài）、颜何共八人，见《史记·仲尼弟子列传》。⑤ 颜高：鲁人，善射，见《左传》定公八年，和孔子弟子颜高可能不是一个人。颜鸣：鲁人，和齐国作战时曾三次冲入敌军，见《左传》昭公二十六年。颜息：鲁人，善射，见《左传》定公六年。颜羽：鲁人，曾和齐国作战，见《左传》哀公十一年。⑥ 斗夫：会战斗拼杀的人。⑦ 颜涿聚：春秋末齐国人，战死，见《左传》哀公二十七年。⑧ 颜最：战国时赵将，赵亡时为秦所俘，见《战国策·赵策下》。⑨ 颜良：袁绍的大将，与曹操作战被杀，见《三国志·袁绍传》。⑩ 颜延之：应作颜延，东晋末年王恭的将领，为刘牢之所杀，见《宋书·刘敬宣传》，这里的“宋有”应作“晋有”。⑪ 汉郎……好武：颜驷，西汉人，事见《汉武故事》。

⑫ 颜忠……受诛：见《后汉书·楚王英传》。⑬ 颜俊……见杀：见《三国志·魏志·张既传》。武威，郡名，治所姑臧在今甘肃武威。⑭ 罹（lí）：遭受，都指遭受不幸的事情。⑮ 衣冠之士：指士大夫。⑯ 身手：勇力武艺。⑰ 素业：指士大夫的本业，即读书做官。⑱ 侥幸战功：企图侥幸地猎取战功。⑲ 羸薄：身体羸弱单薄，单弱。⑳ 仰惟前代：惟是思，仰惟前代指想起过去时代那些姓颜的人喜欢武事的教训。㉑ 置心于此：此指颜之推这一生所从事的读书仕宦而言。置心于此就是把心放在这读书仕宦上。㉒ 志：记在心里，记住。㉓ 孔子力翘门关：翘是举起，门关是古代城门上的悬门，紧急时从上闸下把门闭住。《左传》襄公十一年记载就是孔子的父亲叔梁纥的事情。但《吕氏春秋·慎大》等认为是孔子的事情。㉔ 圣证：曹魏时经学家王肃写过《圣证论》，用圣人孔子的话来论证经学上的问题，这里说"圣证"也就是请出圣人孔子来作证。㉕ 气干：气力强干。㉖ 微行：改穿贫贱人的服饰、隐瞒原来的高贵身份外出。险服：武士的衣服。㉗ 掔（wàn）：同"腕"。

……入帷幄之中①，参庙堂之上②，不能为主尽规以谋社稷，君子所耻也。然而每见文士，颇读兵书③，微有经略④，若居承平之世，睥睨宫阃⑤，幸灾乐祸，首为逆乱，诖误善良⑥；如在兵革之时⑦，构扇反复⑧，纵横说诱⑨，不识存亡⑩，强相扶戴⑪：此皆陷身灭族之本也⑫。诫之哉，诫之哉！

……

【注释】

① 帷幄(wéi wò):帐幕,多指军帐。② 参:参与议论。庙堂:朝廷。③ 兵书:讲兵法的书。如《孙子》《吴子》《司马法》等古书。④ 经略:策划处理军事的才能谋略。⑤ 睥睨(pì nì):这里指心怀恶意地侧目窥察。宫阃(kǔn):阃是内室,宫阃就是皇帝居处的宫室。⑥ 诖(guà)误:连累。⑦ 兵革:兵是兵器,革是用皮革制作的甲,兵革引申指战争。⑧ 构扇:构陷煽惑。反复:反复无常。⑨ 纵横:本指战国时纵横家向国君游说用的“合纵”、“连横”两种策略,这里引申为游说。⑩ 不识存亡:指不懂得存或亡都由形势或天命所决定。⑪ 扶戴:拥戴,指把别人拥立为皇帝。⑫ 灭族:古代同族人常聚居一起,灭族就是把罪犯和同族人全部处死。

【翻译】

颜氏的祖先,源出于邹、鲁,有的分居到齐国,世代以儒雅为业,都记载在古书上面。孔子的学生,已升堂的有七十二人,其中颜氏就占了八人。秦汉魏晋,下及齐梁,不曾有过靠着用兵而得到显达的。春秋时颜高、颜鸣、颜息、颜羽之流,都只是个会拼杀的而已。齐国有颜涿聚,赵国有颜最,东汉末年有颜良,东晋有颜延,都身任将军,终于倾败。西汉时任郎的颜驷,自称好武,再没有干成什么事业。颜忠因党附楚王被诛,颜俊因割据武威被杀,颜氏得姓以来,操行欠清白的,只有这二人,而都遭受祸败。近时战乱,衣冠之士,虽然并无勇力,有的也招集徒众,背弃本业,想侥幸猎取战功。我既身体单弱，又想起前代的教训，所以仍旧把心放在读书仕宦上，子孙们对此要牢记在心里。孔子能举起门关，而不以有气力闻名，这是圣证。我看到今世的士大夫，才有点气力，就作为资本，又不能披铠甲执兵器来保卫国家，只是微行险服，卖弄拳勇，大则陷于危亡，小则留下耻辱，竟没有能幸免的。

……入于帷幄之中，立于朝廷之上，不能给君上尽心规划以利国家，君子认为是耻辱。然而常见到某些文士，颇能读点兵书，稍微有点谋略，如果处在承平时候，就睥睨宫闱，幸灾乐祸，带头叛逆作乱，连累良善；如果处在战乱时候，就构煽反复无常，纵横游说，不识存亡大势，硬要干扶戴之事：这都是陷身灭族的根源。要警诫啊！要警诫啊！

……

养生第十五

南北朝时道教已颇为流行。但颜之推在这里不主张到山林里去炼丹求成神仙，不受道教宣传的影响，这是应予肯定的，尽管他仍说“神仙之事，未可全诬”，没有进一步指出神仙之事全诬。此外他主张保养身体，同时又提出“生不可不惜，不可苟惜”，必要时应该不惜牺牲生命。这些在今天看来也是可取的。

神仙之事，未可全诬，但性命在天，或难钟值①。人生居世，触途牵絷②，幼少之日，既有供养之勤，成立之年，便增妻孥之累③，衣食资须④，公私驱役⑤，而望遁迹山林，超然尘滓⑥，千万不遇一尔。加以金玉之费⑦，炉器所须⑧，益非贫士所办。学如牛毛，成如麟角⑨，华山之下，白骨如莽⑩，何有可遂之理？考之内教⑪，纵使得仙，终当有死，不能出世。不愿汝曹专精于此。若其爱养神明⑫，调护气息⑬，慎节起卧，均适寒暄⑭，禁忌食饮⑮，将饵药物⑯，遂其所禀⑰，不为夭折者，吾无间然⑱。……

【注释】

① 钟值：钟是当，值是逢，钟值就是碰上。② 触途：到处。縶（zhí）：本指用绳索绊住马足，引申为绊住。③ 孥（nú）：儿女。④ 资：供给。须：须求。⑤ 公私：指公事和私事。驱役：奔走役使。⑥ 尘滓（zǐ）：尘埃，尘世。⑦ 金玉之费：指修仙炼丹要用的黄金、玉、丹砂、云母等贵重物品。⑧ 炉器：指炼丹炉。⑨ 麟角：凤毛麟角，比喻极其稀罕少见。⑩ 华山……如莽：道教修仙炼丹要进深山，华山是他们最愿去的地方。白骨如莽，指修仙不成反为虎狼等所祸害，死在山下。莽，本是密生的草，这里用来形容白骨之多。⑪ 内教：即佛教，信佛的人称儒学为外学，佛学为内学，所以也称儒家为外教，佛教为内教，儒书为外典，佛书为内典。⑫ 神明：这里指人的精神。⑬ 调护气息：气息即呼吸，道教认为调节好呼吸可以延长生命以至不死，这当然是在妄想。⑭ 暄（xuān）：暖。⑮ 禁忌食饮：我国古代对饮食有种种禁忌，有的合乎科学，有的习惯并不合乎科学。⑯ 将：将养，调养。饵：食，服用。⑰ 遂：顺着。禀：禀受，禀赋，这里指生来的体质。⑱ 无间然：间是间隙，这里指抓住人家的间隙即毛病。无间然就是没有什么可非议了。

夫养生者先须虑祸①，全身保性，有此生然后养之，勿徒养其无生也。单豹养于内而丧外，张毅养于外而丧内②，前贤所戒也。嵇康著《养身》之论，而以慠物受刑③，石崇冀服饵之征，而以贪溺取祸④，往事之所迷也。

【注释】

① 虑祸：虑是思虑，虑祸是预防祸患。② 单豹……丧内：见于《庄子·达生》，说鲁国有个叫单豹的，善于养身，结果被饿虎吃掉；有个叫张毅的，会到处活动拉关系，结果害上内热之病死掉。③ 慠（ào）：同“傲”。物：这里指人。④ 石崇……取祸：石崇：西晋人，传见《晋书》。他一边服食药物以图延年，一边广积财物，结果人家欣羡他的财物，在政治斗争中把他杀害。服饵：指服食药物。征：有征验，有效。

夫生不可不惜，不可苟惜①。涉险畏之途②，干祸难之事③，贪欲以伤生，谗慝而致死④，此君子之所惜哉⑤！行诚孝而见贼⑥，履仁义而得罪，丧身以全家，泯躯而济国⑦，君子不咎也⑧。自乱离已来，吾见名臣贤士，临难求生，终为不救，徒取窘辱⑨，令人愤懑⑩。……

【注释】

① 苟：苟且，只考虑目前利害而不讲原则道义。② 涉险畏之途：指走上危险可怕的道路。③ 干祸难之事：指卷入会遭灾祸的事情。④ 谗（chán）：说别人坏话。慝（tè）：起恶念。⑤ 此君子之所惜：在以上这些事情上，君子都该惜生。⑥ 诚孝：应为“忠孝”，作“诚”是避隋文帝之父杨忠名讳。⑦ 泯（mǐn）：灭。济：有利于。⑧ 咎（jiù）：罪责，责

怪。⑨ 窘（jiǒng）：受到困迫。⑩ 懑（mèn）：愤闷。

【翻译】

神仙的事情，不能说全是虚假，只是性命由天，很难碰上。人在世一生，到处都有牵绊，幼小时候，要尽供养父母之勤，成年以后，又增养育妻儿之累，衣食供给需求，公私奔走役使，而要想隐遁山林，超脱尘世，千万人中遇不上一个。加以金玉的耗费、炉器的置备，更不是贫士所能办到。学仙的人多如牛毛，成功的人稀如麟角，华山之下，白骨如莽，哪有能达到目的之理？再查考内教，纵使成了仙，最后仍有一死，不得出世长生。我不愿你们在这上面专心精进。如果是保养精神，调护气息，慎节起卧，均适寒暑，禁忌饮食，服用药物，顺着本来的禀受，而不致夭折，这样我也就无可非议了。……

养生的人先应该预防祸患，要全身保性，有了这个生然后养它，不要徒然养它的无生。单豹养于内而丧于外，张毅养于外而丧于内，这都是前代贤人之所警诫的。嵇康写了篇《养生论》，而因傲物被杀，石崇企图服饵有效，而因贪溺招祸，这都是前代人的糊涂。

生不可不惜，也不可苟惜。涉足险畏之途，卷入祸难之事，为贪欲而伤生，行谗慝而致死，这些都是君子之所惜啊！做忠孝的事情而被杀，做仁义的事情而获罪，丧一身而保全家，丧一身而利国，君子是不会责怪的。自从乱离以来，我看到有些名臣贤士，面临大难还求生，终于生既不能求得，徒然自招窘辱，真叫人愤懑……

归心第十六

颜之推虽然摆脱了道教的干扰，但仍不免成为佛教的信徒，这是因为南北朝时政局动荡，危机四伏，误认为信了佛教可以避凶趋吉。这篇《归心》，就是讲归心于佛教，把为什么要信佛教的道理告诉儿孙后代。其中所说佛儒内外两教本为一体，和为佛教辩护的种种言论，可体现出门阀士族的另一种精神面貌，因此在这里酌译一些。其他迷信宣传，就一概不入选了。

……内外两教，本为一体，渐积为异①，深浅不同。内典初门，设五种禁，外典仁、义、礼、智、信②，皆与之符。仁者，不杀之禁也；义者，不盗之禁也；礼者，不邪之禁也；智者，不酒之禁也；信者，不妄之禁也③。至如畋狩军旅④，燕享刑罚⑤，因民之性，不可卒除⑥，就为之节，使不淫滥尔。归周、孔而背释宗⑦，何其迷也！

【注释】

① 渐积：逐渐积累，积久。② 仁、义、礼、智、信：西汉儒家的大学者董仲舒就这么讲过，他称之为“五常”。③ 不妄：不乱说假话。④ 畋(tián)：打猎。狩(shòu)：也是打猎。军旅：本是军队，引申为作战打仗。⑤ 燕享：同“宴飨”，古代帝王宴饮群臣。⑥ 卒(cù)：同“猝”。⑦ 释宗：佛教，因为佛教创始者汉译为释迦牟尼，因此也以“释”指佛教，称释教、释宗。

……

开辟已来[①]，不善人多而善人少，何由悉责其精洁乎[②]？ 见有名僧高行，弃而不说；若睹凡僧流俗，便生非毁。且学者之不勤，岂教者之为过？俗僧之学经、律[③]，何异世人之学《诗》《礼》，以《诗》《礼》之教，格朝廷之人[④]，略无全行者；以经、律之禁，格出家之辈，而独责无犯哉？且阙行之臣，犹求禄位；毁禁之侣，何惭供养乎[⑤]？其于戒行，自当有犯，一披法服[⑥]，已堕僧数，岁中所计，斋讲诵持[⑦]，比诸白衣[⑧]，犹不啻山海也[⑨]！

【注释】

① 开辟以来：我国古代有盘古开天辟地的神话。开辟就是指有宇宙以来。② 精：纯净无杂质。③ 经、律：佛教徒把记述佛的言论的书叫做经，记述戒律的书叫做律。④ 格：度量。⑤ 供养：佛教徒不从事生产，靠人家提供食

物，叫供养。⑥ 法服：佛教徒在举行仪式时穿的法衣。⑦ 斋：汉族佛教徒的持斋，即素食不吃肉。讲：讲经，解说佛经。诵：诵经，读佛经。持：持名，念佛号。⑧ 白衣：南北朝时中国佛教徒穿缁（zī）衣，教外在家的世俗人穿白衣。因此常以“白衣”称世俗人。⑨ 山海：山高，海深，用来说佛教徒的德行总比白衣高深。

……

形体虽死，精神犹存。人生在世，望于后身①，似不相属；及其殁后，则与前身似犹老少朝夕耳。世有魂神②，示现梦想③，或降童妾，或感妻孥，求索饮食，征须福祐④，亦为不少矣。今人贫贱疾苦，莫不怨尤前世不修功业⑤。以此而论，安可不为之作地乎⑥？夫有子孙，自是天地间一苍生耳⑦，何预身事，而乃爱护，遗其基址⑧。况于己之神爽⑨，顿欲弃之哉？凡夫蒙蔽，不见未来，故言彼生与今非一体耳。

……

【注释】

① 后身：佛教认为人死要转生，所以有前身、后身的说法，这当然是迷信。② 魂神：灵魂，这里指死者的灵魂，这当然是一种迷信说法。事实上人的精神随着肉体死亡而消灭，哪有什么脱离肉体的灵魂存在。③ 示现梦想：说灵魂出现于生存者的梦中，即迷信者之所谓鬼来托梦。④ 征须：征求需索。福祐：这里指向生存者求作佛事以福

祐鬼魂。⑤ 功业：指佛教的所谓功德。⑥ 作地：留地步。⑦ 苍生：百姓。⑧ 基址：基业，产业。⑨ 神爽：精神，灵魂。

【翻译】

……内外两教，本来是一样东西，积久才变得不一样，有深与浅的不同。内典初入门，提出了五禁，外典的仁、义、礼、智、信，都和这五种禁相符合。仁，是不杀生之禁；义，是不偷盗之禁；礼，是不邪恶之禁；智，是不饮酒之禁；信，是不妄言之禁。至于像打猎作战，宴飨刑罚，则是顺随人的本性，不能急忙废除，只好就此加以节制，使不过于沉溺。归心周公、孔子而背离释宗，是何其糊涂啊！

……

天地开辟以来，不善的人多而善的人少，怎么能都要求纯净清洁呢？而世人看到了著名僧人的高尚行为，都放开不说，看到了凡庸僧人之同于流俗，就非议谤毁。况且学习者不认真，难道是教授者的过错？凡庸僧人的学习经、律，和世俗学习《诗》《礼》有什么不同，用《诗》《礼》之教，去度量朝廷的官员，大体上找不出一个各项行为都够格的；用经、律之禁，去度量出家的僧徒，而独独要求他们一点不违犯吗？况且行为有缺点的官员，还照样求得俸禄职位；犯了禁的僧徒，受供养又有什么羞惭呢？他们在戒行上，自然有所违犯，而披上了法衣，已经算入僧人之数，一年里作个统计，所斋讲诵持，比那些白衣，还不止像山那样高像海那样深啊！

……

形体虽然死去，精神依然存在。人生在世之时，看着后身，好似不相连接；到了死后，则和前身相比好似老少朝夕了。世上有死者的灵魂，会在活人梦中出现，有的托梦给童妾，有的托梦给妻儿，讨求饮食，需索福祐，也很不少了。而今人贫贱困苦，也没有不抱怨前身不修功德的。由此可见，怎可不预先留地步呢？人有子孙，是天地之间的一名百姓而已，和自身有什么关系？而要加以爱护，留给产业。何况对自己的精神，难道能一旦抛弃吗？世俗人蒙昧蔽塞，见不到未来，所以说来生和今生不是一体。

……

书证第十七

这篇《书证》，其实就是颜之推对经、史文章等所作的零星考证，一共有四十七条，汇集起来成为了《家训》中文字最长的一篇。其中多数是讲对了的，表明颜之推在文献、训诂等学问上确有较高的水平，对今天研究这些学问的专家仍有参考价值。只是这些学问太专业，一般读者即使作了注译也不容易看懂，这里只好择其较易懂的选上几条，让读者知道这是一种什么学问就够了。

……

太公《六韬》①，有天陈、地陈、人陈、云鸟之陈。《论语》曰②："卫灵公问陈于孔子③。"《左传》④："为鱼丽之陈。"俗本多作"阜"旁车乘之"车"⑤。案诸陈队，并作陈、郑之"陈"⑥。夫行陈之义，取于陈列耳，此"六书"为假借也⑦。《苍》《雅》及近世字书⑧，皆无别字，唯王羲之《小学章》独"阜"旁作"车"。纵复俗行，不宜追改《六韬》《论语》《左传》也。

【注释】

① 太公《六韬(tāo)》:我国古代兵书,相传是西周初年吕望即姜太公所作,其实应是战国时作品。②《论语》曰:见于《论语·卫灵公》。③ 卫灵公:春秋后期卫国的国君,他曾向孔子请教战陈之事。④《左传》:见于《左传》桓公五年。鱼丽是当时战陈的名称。⑤"阜"旁:也就是左边是个"阝"。⑥ 陈、郑:春秋时期诸侯国名,陈的都城宛丘即今河南淮阳,郑的都城新郑即今河南新郑。⑦ 六书:把汉字的结构分析为象形、指事、会意、形声、转注、假借六种类型,叫"六书",是西汉后期才出现的说法,今天看来已不很科学。⑧《苍》《雅》:《苍颉篇》和《尔雅》,西汉后期出现的字书和训诂书,前者久已失传。

……

"也"是语已及助句之辞①,文籍备有之矣。河北经、传②,悉略此字。其间字有不可得无者。至如"伯也执殳③","于旅也语④","回也屡空⑤","风,风也,教也⑥",及《诗传》⑦云"不戢,戢也;不傩,傩也⑧","不多,多也⑨",如斯之类,傥削此文,颇成废阙。《诗》言"青青子衿⑩",《传》曰:"青衿,青领也,学子之服。"按古者斜领下连于衿,故谓领为衿。孙炎、郭璞注《尔雅》⑪,曹大家注《列女传》⑫,并云:"衿,交领也。"邺下《诗》本既无"也"字⑬,群儒因谬说云"青衿、青领,是衣两处之名,皆以青为饰",用释"青青"二字⑭,其失大矣。又有俗学,闻经、传中时须"也"字，辄以意加之，每不得所，益成可笑。

【注释】

① 语已：一句话说完。助句：语助词。② 河北：黄河下游的河北广大地区，也就是南北朝时北方的统治中心地区，当地通行的经、传和江南通行的在文字上有些出入。③ 伯也执殳（shū）：见《诗·卫风·伯兮》，说伯拿着殳，殳是古人撞击用的长柄兵器。④ 于旅也语：见《仪礼·乡射礼》，说乡射礼毕后才可以言语。⑤ 回也屡空：见《论语·先进》。空：匮乏，穷。⑥ 风，风也，教也：见《毛诗》大序。风是《诗经》风、雅、颂三种体制中的"风"。"风也"的"风"则是刮风下雨的风，意思是风诗等于风的鼓动万物，进行教化。⑦《诗传》：《诗》的毛氏传。⑧ 不戢（jí）……傩（nuó）也：见《诗·小雅·桑扈》的毛传，戢是聚集，意思是不聚集实际是聚集；傩今本作"难"，意思是不畏难实际是畏难。⑨ 不多，多也：意思是说不多实际上是多。⑩ 青青子衿（jīn）：见《诗·郑风·子衿》。⑪ 孙炎：三国曹魏人，曾注《尔雅》，久已失传。郭璞：西晋人，今通行的《尔雅》就是他的注本。⑫ 曹大家（gū）：东汉时史学家班固之妹班昭，有才学，曾续成班固未写完的《汉书》，并为汉和帝的皇后的老师，因为她的丈夫姓曹，人们叫她曹大家。这"家"字通"姑"，也就是曹大姑。《列女传》：西汉刘向编集的古代妇女事迹，多数在当时是认为好的，也有少数算是坏的，后人还有所增补，书今存，但班昭的注久已失传。⑬ 邺下《诗》本：也就是前面所说的河北本。⑭ 青青：指

“青青子衿”的“青青”，认为一个“青”指“青衿”，一个“青”指“青领”。

……

《后汉书》①：“酷吏樊晔为天水太守②，凉州为之歌曰③：‘宁见乳虎穴，不入冀府寺④。’”而江南书本“穴”皆误作“六”，学士因循，迷而不寤。夫虎豹穴居，事之较者⑤，所以班超云⑥：“不探虎穴，安得虎子？”宁当论其六七耶？

……

【注释】

①《后汉书》：见于《后汉书·樊晔（yè）传》。② 天水：汉代的郡，治所冀县在今甘肃天水西北。③ 凉州：东汉时的州，天水郡在其境内，治所陇县即今甘肃张家川回族自治县。④ 冀府寺：在天水郡治所冀县的太府官署。府寺就是官署。⑤ 较：彰明较著，很明显。⑥ 班超云：见于《后汉书·班超传》。

【翻译】

……

太公《六韬》上说到天陈、地陈、人陈、云鸟之陈。《论语》上说：“卫灵公问陈于孔子。”《左传》上说：“为鱼丽之陈。”这些在流俗的本子上多写成“阜”字旁再加个车乘的“车”字。案陈列队伍的“陈”，都写作陈、郑的“陈”。所以叫行陈，是取义于陈列，这在“六书”中就是假借。《苍颉篇》、《尔雅》和近代的字书，都没有写成别的字，只有王羲之的《小学章》是“阜”旁写作“车”。这种写法纵使流俗通行，也不该用来追改《六韬》《论语》《左传》。

……

“也”字用在已说完处和作语助词使用，书籍上都可见到。河北的经、传，则这“也”字都被省略掉。但其中也有这“也”字不能没有的。至于像“伯也执殳”，“于旅也语”，“回也屡空”，“风，风也，教也”，以及《诗》毛传所说的“不戢，戢也；不傩，傩也”，“不多，多也”，像这一类的，如果削除这“也”字，就颇为残缺不成文句了。《诗》说“青青子衿”，毛传说：“青衿，青领也，学子之服。”按古时衣服斜领下边连到衿，所以把领叫做衿。孙炎、郭璞注《尔雅》，曹大家注《列女传》都说：“衿，交领也。”邺下的《诗》本既没有“也”字，一般儒者就胡乱讲说什么“青衿、青领，是衣服两处的名称，都用青色装饰”，用来解释“青青”二字，这个失误就大了。还有些流俗学者，听说经、传里常须有“也”字，就凭自己猜想加上去，每每加得不是地方，更为可笑。

……

《后汉书》上说：“酷吏樊晔做天水太守，凉州人给他编了首歌说：‘宁见乳虎穴，不入冀府寺。’”而江南的本子“穴”字都错成“六”字，学者们沿袭着读下去，而不觉察。其实虎豹的穴居，是彰明皎著的事情，所以班超说：“不探虎穴，安得虎子？”怎能论乳虎的是六是七呢？

……

音辞第十八

我国地域广阔，历史悠久，因而古今的语音有变化，南北的语音有异同。这篇《音辞》，就是讨论经、史中某些文字的读音问题。它本来可以放在上一篇《书证》里来讲，可能因为《书证》内容太多了，才把这些有关读音的独立成一篇。这里选译其中较为好懂的几条，太专业的因实在不好懂，只得割爱不译了。

……南方水土和柔，其音清举而切诣①，失在浮浅，其辞多鄙俗；北方山水深厚，其音沉浊而鈋钝②，得其质直③，其辞多古语。然冠冕君子，南方为优；闾里小人④，北方为愈。易服而与之谈，南方士庶，数言可辩⑤；隔垣而听其语，北方朝野，终日难分。而南染吴越⑥，北杂夷虏⑦，皆有深弊，不可具论。

【注释】

① 切诣（yì）：诣是至，切诣就是切至、真切。② 鈋（é）：圆。③ 质直：质朴率直。④ 闾（lǘ）里：闾是先秦时乡以下的居民组织，闾里就是乡里。⑤ 辩：通“辨”。⑥ 吴越：

本是先秦时的诸侯国，吴的都城在今江苏苏州，越的都城会稽在今浙江绍兴，都处在长江下游三角洲，这里是所谓吴语地区，和北方的正统汉语在语音上至今仍有很大出入，这里所谓“吴越”就指吴语而言。⑦ 夷虏：南北朝时黄河流域有大量匈奴、鲜卑等少数民族入居，也学汉语，他们这种汉语自难免夹杂进他们本民族的语言。

……

“甫”者，男子之美称。古书多假借为“父”字，北人遂无一人呼为“甫”者，亦所未喻。唯管仲、范增之号，须依字读耳①！

【注释】

① 管仲……读耳：管仲是春秋时政治家，传见《史记》，他辅佐齐桓公成其霸业，齐桓公尊称他为仲父。范增是秦末政治家，辅佐项羽，项羽尊称他为亚父，这两个“父”字都得仍读为“父”而不能读为“甫”。

……

“邪”者，未定之词。《左传》曰①：“不知天之弃鲁邪？抑鲁君有罪于鬼神邪？”《庄子》云②：“天邪？地邪？”《汉书》云③：“是邪？非邪？”之类是也。而北人即呼为“也”，亦为误矣。难者曰：“《系辞》云④：‘乾坤，《易》之门户邪？’此又为未定辞

乎？”答曰：“何为不尔！上先标问，下方列德以折之耳⑤。”

【注释】

①《左传》曰：见于《左传》昭公二十六年。②《庄子》曰：这应见于《庄子·大宗师》，但今本都作“父邪？母邪？”可能是颜之推记忆错误。③《汉书》云：见于《汉书·李延年传》。④《系辞》云：见于《易·系辞下》。⑤ 上先……折之：上面先提出“乾坤，《易》之门户邪”这个问题，下面讲“乾，阳物也；坤，阴物也。阴阳合德，而刚柔有体……”来回答这个问题。折，判断。

……

古人云①：“膏粱难整②。”以其为骄奢自足，不能克励也。吾见王侯外戚③，语多不正，亦由内染贱保傅④，外无良师友故耳。

……

【注释】

① 古人云：见于《国语·晋语》。② 膏粱：膏粱本是有油脂的上等粮食，引申为吃膏粱的富贵人。整：正。③ 外戚：皇帝的母族和妻族都叫外戚。④ 染：受影响。保傅：这里指富贵人家里专门伺候管教孩子的人。

【翻译】

……南方水土柔和，发音清扬而真切，缺点是轻浮浅薄，用辞多鄙俗；北方山水深厚，发音沉浊而圆钝，长处是质朴直率，用辞多古语。但冠冕君子的发音，要以南方为好；乡里小人的发音，要以北方为胜。和换了衣服的交谈，在南方是士大夫还是寒庶人，几句就可辨别；隔了墙听人家说话，在北方是朝廷官员还是民间百姓，整天也难区分。而南方沾染上吴越音调，北方夹杂进夷虏语言，都很有弊病，这里不能一一讨论。

……

“甫”，是男子的美称。古书上多假借写成“父”字，北方人就没有人再把它读成“甫”的，这也叫人无法理解。只有管仲、范增的号，才必须照着字读啊！

……

“邪”是未定之词。《左传》上说：“不知天之弃鲁君邪？抑鲁君有罪于鬼神邪？”《庄子》上说：“天邪？地邪？”《汉书》上说：“是邪？非邪？”这一类都是如此。而北方人就读成“也”，这也是错了。有人反驳道：“《系辞》上说：‘乾坤，《易》之门户邪？’这又是未定词吗？”答复道：“怎么不是啊！上面先提出问题，下面才列举乾坤之德来下判断。”

……

古人说：“膏粱难整。”是因为这些人骄傲奢侈自满自足，而不能对自己克制磨炼。我见到的王侯外戚，语音多不纯正，这也是由于在内受低贱保傅的影响，在外又没有良好师友的缘故。

……

杂艺第十九

杂艺，在这里是指士大夫们除了经、史、文章以外的其他技艺。这《杂艺》篇里讲到的有书法、绘画、射箭、算术、医学、弹琴，在今天看来仍是健康的、有益的，所以都选译了。还有卜筮是迷信活动，六博、投壶在唐宋以后就再没有人会玩㊀，讲围棋的文字又太少，就都舍弃不入选了。

真草书迹[①]，微须留意。江南谚云："尺牍书疏[②]，千里面目也[③]。"承晋宋余俗，相与事之，故无顿狼狈者[④]。吾幼承门业[⑤]，加性爱重，所见法书亦多[⑥]，而玩习功夫颇至，遂不能佳者，良由无分故也[⑦]。然而此艺不须过精。夫巧者劳而智者忧，常为人所役使，更觉为累。韦仲将遗戒[⑧]，深有以也。

【注释】

① 真草：我国字体先有甲骨文、金文，以后有小篆、隶

㊀ 投壶：我国古代贵族间的一种游戏，用箭投入壶中，中者胜，不中者负，先秦时最流行，唐宋以后就无人玩了。

书，隶书经南北朝到隋唐形成今天的所谓楷书，也称正书、真书。颜之推在这里说的“真”，是刚形成还多少留有隶书痕迹的真书。另外在东汉后期又从隶书演化出草书，开始还带有隶书的笔法，叫草隶或章草，到南北朝后期又出现完全脱离隶书的今草。这里所说的“草”，应兼指章草、今草。② 尺牍：书信，在使用纸前我国用木简即牍写信，通常一尺长，所以叫“尺牍”。书疏：也是书信，疏是分条陈达的意思。③ 千里面目：千里之外可以看到人的面目。④ 顿：顿时，急促中。狼狈：困顿窘迫的样子。⑤ 门业：家门素业。指士族世代相承的那套事业。⑥ 法书：可以作为法则以供学习的字，引申为高水平的字。⑦ 良：真，确实。⑧ 韦仲将遗戒：三国曹魏时书法家韦诞，字仲将，魏明帝盖了宫殿，叫他用梯子爬上去在殿榜上题字，据说他吓得头发都白了，于是告诫儿孙不要再成为书法家，见《世说新语·巧艺》及注。

王逸少风流才士①，萧散名人②，举世唯知其书，翻以能自蔽也。萧子云每叹曰：“吾著《齐书》③，勒成一典④，文章弘义，自谓可观，唯以笔迹得名，亦异事也。”王褒地胄清华⑤，才学优敏，后虽入关⑥，亦被礼遇，犹以书工崎岖碑碣之间⑦，辛苦笔砚之役⑧，尝悔恨曰：“假使吾不知书，可不至今日邪？”以此观之，慎勿以书自命⑨。虽然，厮猥之人⑩，以能书拔擢者多矣。故“道不同不相为谋”也⑪。

【注释】

① 王逸少：东晋王羲之，字逸少，大书法家，传见《晋书》。因为他做过右军将军，人们又称他王右军。风流：这里指英俊、杰出。② 萧散：洒脱，不受拘束。③《齐书》：南朝萧梁的萧子显撰写过南齐的《齐书》，而萧子云撰写的是《晋书》，见《梁书・萧子恪传》，颜之推应是记错了。这《齐书》《晋书》都已失传，不是如今《二十四史》里的《晋书》和《南齐书》。④ 勒：本是约束、统率的意思，这里引申为编写。典：典要，纪传体断代史书是一个朝代的典要。⑤ 地胄：地是地位，胄是后裔帝王，专指帝王显贵的后裔。地胄即地位门第。⑥ 入关：这里指江陵被北周攻占后南朝的文士迁入关中，颜之推也是这次进入关中的。⑦ 崎岖（qí qū）：本指地面高低不平，这里引申为处境困难、困顿。碑碣（jié）：我国古代石刻文字最早在春秋战国以至秦代都是圆柱方柱形式，叫碣；汉以来多为长方形直立的大石板，叫碑；还有埋在墓里的方形小石板，叫墓志。这里的碑碣是碑和墓志等石刻文字的通称，因为碣的形式早在汉代就淘汰了。⑧ 役：事情。⑨ 慎勿：切莫。自命：自以为了不起。⑩ 厮猥之人：厮是服贱役，猥是卑贱。厮猥之人就是剥削阶级心目中下贱的人。⑪“道不同不相为谋”：见于《论语・卫灵公》，意思是路子不一样就说不到一起。

梁氏秘阁散逸以来[1]，吾见二王真草多矣[2]，家中尝得十卷[3]，方知陶隐居、阮交州、萧祭酒诸书[4]，莫不得

羲之之体，故是书之渊源⑤。萧晚节所变⑥，乃右军年少时法也。

【注释】

① 秘阁：皇帝收藏书画图籍的地方常称为秘阁。意思是秘密收藏在阁里不让外边人窥看。② 二王：王羲之及子王献之，王献之也是东晋时的一位大书法家，传见《晋书》。③ 卷：当时的书籍都是卷轴形式，“二王真草”本都是他父子写的书信，但当法书收藏时也装裱成卷轴形式。④ 陶隐居：南朝萧梁的道教思想家陶弘景，擅长书法，自号华阳隐居，传见《梁书》。阮交州：萧梁阮研，官至交州刺史，擅书法，见唐张怀瓘《书断》。萧祭酒：萧子云，他曾任梁国子祭酒，即国子监的长官。⑤ 书之渊源：渊源本指水源，引申为根源，这里指王羲之的书法是其他各家书法的根源。⑥ 晚节：这里指晚年。

晋宋以来，多能书者，故其时俗，递相染尚①，所有部帙，楷正可观②，不无俗字，非为大损。至梁天监之间③，斯风未变。大同之末④，讹替滋生⑤，萧子云改易字体，邵陵王颇行伪字⑥，朝野翕然⑦，以为楷式，画虎不成⑧，多所伤败，至为一字，唯见数点，或妄斟酌⑨，逐便转移，尔后坟籍⑩，略不可看。北朝丧乱之余，书迹鄙陋，加以专辄造字⑪，猥拙甚于江南，乃以“百”“念”为“忧”⑫，“言”“反”为“变”⑬，“不”“用”为“罢”⑭，“追”“来”为“归”⑮，

"更""生"为"苏"⑯,"先""人"为"老"⑰,如此非一,遍满经、传。唯有姚元标工于楷隶⑱,留心小学⑲,后生师之者众,洎于齐末⑳,秘书缮写㉑,贤于往日多矣。

【注释】

① 染尚:影响崇尚。② 楷(kǎi)正:楷是楷式,可作为法式。正则和草书的"草"相对而言,正而不草率。③ 梁天监:梁武帝年号,先后有十八年(502—519)。④ 大同:梁武帝年号,有十二年(535—546)。⑤ 讹替:讹是错误,替是衰败。讹替在这里是指点划差错、结构恶劣的字。滋:繁殖。⑥ 邵陵王:梁武帝子萧纶,封邵陵王,传见《梁书》。伪字:写法不正规的字。⑦ 翕(xī)然:翕是合,翕然就是一致。⑧ 画虎不成:古人有"画虎不成反类狗"的谚语,见《后汉书·马援传》,意思是学人家没有学好,反而学坏了。⑨ 斟酌:这里是损益的意思,即增减字的笔画。⑩ 坟籍:即坟典,指古书。⑪ 专辄:专擅,专断。⑫ "百""念"为"忧":这里举的例都是繁体字而不是今天的简化字。这个例是说"百"下加个"念"便成为繁体"忧"字。⑬ "言""反"为"变":"言"下加个"反"成为繁体"变"字。⑭ "不""用"为"罢":"不"下加个"用"成为繁体的"罢"。⑮ "追""来"为"归":"追"的右旁加个"来"成为繁体的"归"。⑯ "更""生"为"苏":"更"的右旁加个"生"成为繁体的"苏"。⑰ "先""人"为"老":"先"的末笔一勾之内加个"人"成为"老"。⑱ 姚元标:北魏书法家,见《北史·崔浩传》。楷隶:工整可为楷式的隶书,但这种隶书已是向正书过渡的隶书,后

人都已称之为正书。⑲ 小学：儿童入学先学文字，所以汉代把字书归入小学类，以后把讲文字字形字义的书也归入小学类，文字训诂的学问也跟着被称为小学。⑳ 洎（jì）：及，到。㉑ 缮（shàn）：抄写。

江南闾里间有《画书赋》，乃陶隐居弟子杜道士所为。其人未甚识字，轻为轨则[①]，托名贵师[②]，世俗传信，后生颇为所误也。

画绘之工，亦为妙矣，自古名士，多或能之。吾家尝有梁元帝手画蝉雀白团扇及马图[③]，亦难及也。武烈太子偏能写真[④]，坐上宾客，随宜点染[⑤]，即成数人，以问童孺，皆知姓名矣。萧贲、刘孝先、刘灵[⑥]，并文学已外，复佳此法。玩阅古今，特可宝爱。若官未通显，每被公私使令，亦为猥役。吴县顾士端出身湘东王国侍郎[⑦]，后为镇南府刑狱参军[⑧]，有子曰庭，西朝中书舍人[⑨]，父子并有琴、书之艺，尤妙丹青[⑩]，常被元帝所使，每怀羞恨。彭城刘岳，橐之子也，仕为骠骑府管记、平氏县令[⑪]，才学快士，而画绝伦[⑫]，后随武陵王入蜀[⑬]，下牢之败[⑭]，遂为陆护军画支江寺壁[⑮]，与诸工巧杂处。向使三贤都不晓画，直运素业，岂见此耻乎?

【注释】

① 轻：轻易，随便。轨则：规范法则。② 托名贵师：指假托杜道士之师陶弘景所撰写。③ 团扇：圆形有短柄的扇子，上面可题字绘画，我国古代的扇一向流行这种形式，至

于折扇是明清时才流行的。④ 武烈太子：梁元帝的长子名方等，战死后谥忠庄太子，元帝即位改谥武烈太子，传见《梁书》，唐张彦远《历代名画记》说他能写真。古代称画人像为"写真"。⑤ 点染：画家点笔染色。⑥ 萧贲：南齐竟陵王萧子良之孙，传附见《南史·萧子良传》，又见《历代名画记》。刘孝先：传附见《梁书·刘潜传》。刘灵：事迹不详。西晋竹林七贤中的刘伶也写作刘灵，但据《晋书·刘伶传》并未说他善画，而且颜之推这里所举都是和他同时代人，不致夹进个西晋的刘伶。⑦ 吴县：吴郡的治所，即今江苏苏州。湘东王：梁元帝萧绎曾封湘东郡王。侍郎：梁时王国设置的官职。⑧ 镇南府：萧绎在大同六年(540)出任使持节都督江州诸军事、镇南将军、江州刺史，镇南府就指这镇南将军府。刑狱参军：镇南将军府里执掌刑狱的官员。⑨ 西朝中书舍人：西朝指梁元帝萧绎在江陵称帝后的朝廷，萧梁在中书省下设有中书舍人的官职。⑩ 丹青：本是我国古代绘画常用的两种颜色，引申为绘画。⑪ 骠骑府：当是骠骑将军府，但《隋书·百官志》记萧梁职官无此名号。管记：当是掌管文书的官职。平氏县：在今河南唐河东南。⑫ 绝伦：超越同辈，特别杰出。⑬ 武陵王入蜀：梁武帝子萧纪，传见《梁书》。入蜀：指他任益州刺史。⑭ 下牢之败：下牢关，在今湖北宜昌西北，长江出峡处。梁元帝承圣二年(553)武陵王萧纪称帝，与在江陵的元帝作战，战败被杀。下牢之败当是其中的一个战役。⑮ 陆护军：梁元帝的将领护军将军陆法和，传见《北齐书》。支江：即枝江，县名，在今湖北枝江，长江经下牢关东南流不远的地方。

弧矢之利，以威天下①，先王所以观德择贤②，亦济身之急务也。江南谓世之常射，以为“兵射”，冠冕儒生，多不习此。别有“博射”，弱弓长箭，施于准的③，揖让升降④，以行礼焉，防御寇难，了无所益，乱离之后，此术遂亡。河北文士，率晓“兵射”，非直葛洪一箭，已解追兵⑤，三九宴集，常縻荣赐⑥。虽然，要轻禽，截狡兽⑦，不愿汝辈为之。

【注释】

① 弧矢……天下：见于《易·系辞下》。弧矢，弓和箭。② 先王：通常用来指儒家信仰中的尧、舜、禹、商汤、周文王、武王等先王。观德择贤：《礼记·射义》中说“射以观德”，又说只有贤者才能射而中鹄(gǔ)，即箭靶中心。意思是通过射箭可以看出人的德行，并由此选择出贤者。③ 准的：射箭的标的。④ 揖让升降：揖是拱手为礼，让是相让，升是上去，降是下来。这都是用来形容“博射”的礼节。⑤ 葛洪……追兵：东晋时道教大师，著有《抱朴子》，内篇讲道家的炼丹画符之类，外篇是儒家的政论，在这书的自序中说当年在军队里曾“手射追骑”，“杀二贼一马，遂得免死”。⑥ 三九……荣赐：这是指河北贵人宴会上比射箭，中了可得赏赐。縻(mí)是牵系，这里引申为弄来。⑦ 要(yāo)轻禽，截狡兽：见于《三国志·魏志·文帝纪》注引曹丕《典论自序》，都是讲打猎。要，通“邀”，拦截的意思。轻禽，轻飞的禽鸟。

……

算术亦是六艺要事①。自古儒士论天道、定律历者②，皆学通之。然可以兼明，不可以专业。江南此学殊少，唯范阳祖暅精之③，位至南康太守④。河北多晓此术。

【注释】

① 六艺：这里是指《周礼·地官·保氏》里讲的六艺，即礼、乐、射、御、书、数。② 论天道、定律历：就是天文历法，是我国先秦时就取得成就的一门自然科学，它又和数学分不开，所以我国古代也常说"天文算术之学"，这种学问后来多是儒生兼通的。③ 范阳：郡名，曹魏时设置，隋初废，治所涿县即今河北涿州。祖暅(xuǎn)：即祖暅之，南齐大科学家祖冲之之子，在数学上也有很大的贡献，出仕萧梁，传附见《南史·祖冲之传》。④ 南康：郡名，治所赣县即今江西赣州。

医方之事，取妙极难，不劝汝曹以自命也。微解药性，小小和合，居家得以救急，亦为胜事，皇甫谧、殷仲堪则其人也①。

《礼》曰②："君子无故不彻琴瑟③。"古来名士，多所爱好。洎于梁初，衣冠子孙，不知琴者，号有所阙④。大同以末，斯风顿尽。然而此乐愔愔雅致⑤，有深味哉！今世曲解⑥，虽变于古，犹足以畅神情也。唯不可令有称誉，见役勋贵，处之下坐⑦，以取残杯冷炙之

辱⑧。戴安道犹遭之⑨，况尔曹乎！

……

【注释】

① 皇甫谧：著有《论寒食散方》等医药书，见《隋书·经籍志》《新唐书·艺文志》，都已失传。殷仲堪：东晋末年大臣，在内战中被杀，他精通医药，传见《晋书》。②《礼》曰：见于《礼记·乐记》。③ 彻：通"撤"。琴：指中国传统的七弦琴，周代已有了。瑟（sè）：弦拨的乐器，通常有二十五弦，春秋时已流行。④ 阙：通"缺"。⑤ 愔（yīn）：安静和悦。雅致：优美而不庸俗。⑥ 曲解：曲是乐曲，解是乐曲的章节。⑦ 下坐：坐通"座"，下面的座位，即不当作客人而当作乐工看待。⑧ 炙（zhì）：本义是烤，引申为烤肉。⑨ 戴安道犹遭之：戴逵字安道，东晋文学家兼艺术家，传见《晋书》。武陵王司马晞（xī）召他弹琴，他很生气地把琴打破，说"戴安道不为王门伶人"。

【翻译】

真草字迹，得稍为用心。江南有句俗谚说："尺牍书疏，千里面目也。"承受东晋刘宋留下的习俗，都在这上面用功，因而从没有在匆忙中弄得狼狈不堪的。我自小继承家门素业，加以个人爱好，所见到的法书又很多，赏玩学习的功夫也很深，可终于写不好，确实是缺少天分的缘故。然而这种艺术不需要过于精能。工巧的辛苦而多智的操忧，常被人家所役使，更感到劳累。韦仲将留下训诫，确实是有道理的。

王逸少是位风流才士，萧散名人，可世上都只知道他的字，反而被这个技能把他别的方面埋没了。萧子云每每叹气说：“我撰著《齐书》，编定一朝的典要，文章大义，自认为很可一看，但只以书法得名，也是怪事。”王褒门第清高华贵，才学优长敏捷，后来虽然入关，也被以礼相待，但还因为字写得好而困顿于碑碣之间，辛苦于笔砚之役，曾悔恨道：“假如我不懂得书法，可能不至于像今天这样吧？”由此看来，切莫以书法自命。虽然如此，那些厮役卑贱的人，因为能写好字被提拔的很多。所以说“道不同不相为谋”。

梁朝秘阁的收藏散失以来，我见到二王的真草书很多了，家里也曾获得十卷，看了才知道陶隐居、阮交州、萧祭酒等人的字，无不得到王羲之的格局，可见王羲之的字应是书法的渊源。萧晚年的字有所改变，改变的是右军年少时候的书法。

东晋刘宋以来，多有擅长书法的，所以当时习俗，也人人崇尚，所有的书籍部帙，字迹都楷正好看，并非不用俗字，没有什么大毛病。到梁天监年间，这种风气没有改变。大同末年，讹替增多，萧子云改变字体，邵陵王多写伪字，朝廷民间翕然一致，都把这些作为楷模法式，画虎不成，反多损伤败坏，甚至写一个字，只见到几点，有的胡乱增减，为了方便转移笔画，以后的书籍，就大体看不得了。北朝战乱之后，字迹鄙陋，加以擅自造字，卑猥拙劣更甚于江南，竟以“百”“念”为“忧”，“言”“反”为“变”，“不”“用”为“罢”，“追”“来”为“归”，“更”“生”为“苏”，“先”“人”为“老”，像这样何止一二，已遍满了经、传。只有姚元标善于楷隶，又留心小学，后生学习他的很多。到北齐末年，秘阁书籍的缮写，要比以往好多了。

江南乡里间流传有《画书赋》，是陶隐居的弟子杜道士所撰写。这个人不很认识字，轻易地弄出什么规范法则来，托名于贵师，世俗传说相信，后生颇被他贻误。

绘画画得好的，也够神妙了。从古以来的名士，很多人有这本领。我家曾有梁元帝亲手画的蝉雀白团扇和马图，也是旁人很难企及的。武烈太子专能写真，对照座上的宾客，随便点染，就画出几位，拿了去问儿童，都知道是谁。还有萧贲、刘孝先、刘灵，都在文学以外，还擅长绘画。玩赏这些古今名画，特可宝爱。但如果官没有做得显贵，则能绘画就会常被公家或私人使唤，也成为了下贱的差使。吴县有位顾士端最初做湘东王国的侍郎，以后做镇南府刑狱参军，有个儿子名庭，做西朝的中书舍人，父子俩都通晓琴、书的艺术，尤其神妙于绘画，每被梁元帝使唤，常感到羞惭悔恨。彭城有位刘岳，是刘橐的儿子，做骠骑府管记、平氏县令，是个有才学的佳士，绘画更为绝伦，后来跟随武陵王入蜀，下牢战败，就被陆护军弄到支江的寺院里去画壁画，和那些工匠杂处一起。如果这三位当初都不懂得绘画，一直从事儒素之业，怎么遇上这些耻辱呢？

弓箭之利，用来威慑天下，先王所以要用它来观德择贤，同时也是保全性命的紧要事情。江南把世上一般的箭射，说成“兵射”，冠冕儒生们，对它多不熟悉。另外有一种“博射”，用弱的弓和长的箭，射向准的，揖让升降，用来行礼，对防御寇难，一点没有益处，乱离以后，这种“博射”就没人玩了。河北的文士，大多数会“兵射”，不止像葛洪一箭，已经驱退追兵，而且三九宴集，还常获得赏赐。尽管这样，用来邀轻禽，截狡兽，则仍不愿你们去做。

……

算术也是六艺中的紧要事情。从古以来儒生中论天道、定律历的，都对算术学习通晓。不过只可以同时兼通，不可以成为专业。江南懂这种学问的比较少，只有范阳祖暅精于此术，祖暅官至南康太守。河北则对此术多能通晓。

医疗处方这件事，要精妙很难，我不劝你们以此自命。稍微懂得点药物性能，小小调和掺和，家庭里可以用来救急，则也算好事，皇甫谧、殷仲堪就是这类人物。

《礼》上说："君子无故不彻琴瑟。"古来的名士，多对此爱好。到了梁初，衣冠子孙，不懂得琴的，称为一大缺点。大同以来，这风气一时衰歇。但这种音乐安和雅致，很有深味啊！今世所奏的曲解，虽然较古代已有变化，但还足以使神情畅适。只是不可使有声誉，这样会被勋臣贵人们役使，叫坐在下边，取得残杯冷炙的羞辱。这种事情戴安道都遇到过，何况你们！

……

终制第二十

终,是终结,这里指生命的终结即死亡。终制,即对死后的安排,是颜之推预先叮嘱儿辈安排好自己死后的丧葬等事。当时我国黄河流域、长江流域都通行棺敛土葬,颜之推自未能免俗。但他仍能对当时贵族官僚喜欢厚葬的恶习予以抵制,提出了许多比较简省的办法。只是今天我们已进一步推行火化遗体,这些办法又已全无用处,所以不再一一译出,只译几段颜之推在丧葬上的一般言论,作为本书的结束。

死者人之常分,不可免也。吾年十九,值梁家丧乱①,其间与白刃为伍者②,亦常数辈③,幸承余福,得至于今。古人云:“五十不为夭④。”吾已六十余,故心坦然,不以残年为念⑤。先有风气之疾,常疑奄然⑥,聊书素怀⑦,以为汝诫。

【注释】

① 梁家:指梁朝。② 与白刃为伍:白刃指刀剑等有刃

口的武器。与白刃为伍，等于说在刀剑丛中混日子。③ 数辈：好几次。④ 夭：夭折，短命。⑤ 残年：古人平均年龄远不如今天长，人活到六十余，剩下的时间就不多了，所以叫“残年”。念：这里是顾虑的意思。⑥ 奄然：奄忽，死亡。⑦ 聊：姑且。素怀：平素想的，一向想的。

先君先夫人皆未还建邺旧山①，旅葬江陵东郭②。承圣末，已启求扬都③，欲营迁厝④，蒙诏赐银百两，已于扬州小郊北地烧砖⑤。便值本朝沦没⑥，流离如此⑦，数十年间，绝于还望。今虽混一⑧，家道罄穷⑨，何由办此奉营资费⑩？且扬都污毁⑪，无复孑遗⑫，还被下湿⑬，未为得计⑭。自咎自责，贯心刻髓⑮。

【注释】

① 先君先夫人：指颜之推已死去的父母。建邺旧山：颜之推的九世祖颜含跟随晋元帝南渡，所以把东晋和南朝的都城建邺即建康，即今江苏南京作为他的故乡，称当地的山丘为“旧山”。② 旅葬：旅是在外作客，旅葬就是葬在外地而不曾归葬故乡，后人常说“客葬”。③ 承圣……扬都：承圣是梁元帝萧绎的年号，共四年(552—555)，当时叛将侯景已被歼灭，扬都即建康已在梁元帝统治之下。④ 厝(cuò)：浅埋以待改葬叫厝。⑤ 扬州：指扬州的治所建康。⑥ 本朝沦没：我国封建社会称自己所在的朝代为“本朝”，颜之推以梁人自居，所以称梁为本朝。本朝沦没，指梁元

帝的江陵政权被西魏灭掉。⑦ 流离如此：指颜之推随江陵政权沦亡进入西魏都城长安，又乘船逃奔北齐。西魏转为北周政权，北周灭北齐，颜之推又入长安，继而又入隋朝。⑧ 混一：统一中国。⑨ 家道：指家里产业财富的多少。罄（qìng）：空，尽。⑩ 办：筹办，筹集。奉：捧，这里指恭敬地把先君先夫人的遗体运到建康。营：这里指营葬。⑪ 污毁：我国古代有把犯重罪者的住宅毁掉并挖成水池的办法，叫污宫。当时扬都的宫室民居已多平毁，所以这里说“污毁”。⑫ 无复孑遗：《诗·大雅·云汉》说：“周余黎民，靡有孑遗。”意思是西周经过大旱灾，剩下的居民几乎一个也没有了。这当然是文学作品夸大的说法，这里说“无复孑遗”即一个也没有了，当然同样是夸大的说法，实际是说战乱后人烟稀少。⑬ 被：覆盖。下湿：古人多说江南下湿、卑湿，即低下潮湿，和西北的高亢相对而言。⑭ 得计：合算，合乎愿望。⑮ 贯心刻髓（suǐ）：穿过心，刻进骨髓，形容“自咎自责”的深切。

……

孔子之葬亲也，云：“古者墓而不坟，丘东西南北之人也，不可以弗识也。”于是封之崇四尺①。然则君子应世行道，亦有不守坟墓之时，况为事际所逼也②。吾今羁旅③，身若浮云④，竟未知何乡是吾葬地，唯当气绝便埋之耳。汝曹宜以传业扬名为务，不可顾恋朽壤⑤，以取堙没也⑥。

【注释】

① 孔子……四尺：见于《礼记·檀弓上》。坟：堆高起来。东西南北之人：指到处奔走而不老是守着家乡的人。识（zhì）：通“志”，做标志。封：堆土。崇：高。② 事际：事势，指战乱的事势。③ 羁（jī）旅：羁是系住，羁旅是作客他乡。④ 身若浮云：指不在家乡，好似浮云一样没有个根。⑤ 朽壤：腐朽的土壤，指土壤里埋了朽骨的坟墓。⑥ 堙没：湮没无闻，声名埋没不为人们所知道。

【翻译】

死是人的正常分内之事，无可避免。我十九岁时，逢上梁家丧乱，其中和白刃为伍，也常有好几次，多幸承受先人余福，才能活到今天。古人说：“五十不为夭。”我已经六十多岁，所以心地平静，不因为残年无多有什么顾虑。我先前患有风气的毛病，常疑心死期临近，姑且把平素想的写出来，作为对你们的训诫。

先君先夫人都没有返回建邺旧山，而客葬在江陵城的东郭。承圣末年，已陈请想迁厝到扬都，承蒙元帝下诏赐银百两，已在扬州近郊北边烧制墓砖。不久本朝沦没，如此流离，几十年间，已断了迁回扬都的念头。今天虽已告混一，而家道罄穷，何从筹办这奉还营葬的费用？况且扬都污毁，居民几乎无复孑遗，回去葬入低湿的土地，也不算得计。我为此自怨自责，贯心刻髓。

……

孔子葬他的先人，说：“古时筑墓而不坟起，丘是东西南北的人，不可以没有标志。”于是把土堆高到四尺。这样看来君子处世行道，也有不能守着坟墓的时候，何况被事势所逼。我如今是羁旅之人，一身好比浮云，竟不知哪里是我葬身之地，只有当我气绝后就埋掉。你们应该以传业扬名为职责，不可以顾恋这块朽壤，以致堙没无闻。

编 后 记

2011年我社出版了“古代文史名著选译丛书(134种)”,该丛书是由全国高校古籍整理委员会主持,汇集北京大学、复旦大学等十八所高校古籍所专家学者力量完成的一部高水平、高质量的传统文化普及读物。出版后也得到了读者认可,获得业内好评。

该丛书于2016年入选国家新闻出版广电总局评选的“首届向全国推荐中华优秀传统文化普及图书”名单。为了更好地传播优秀传统文化,我们从中精选了30种文史经典,重新修订、设计,作为珍藏版呈现给读者。

中华优秀传统文化不仅是中华民族的宝贵财富,也是中华民族的精神家园。凤凰出版社谨向为本丛书的编辑出版付出巨大心血的专家学者致以崇高敬意!

古代文史名著选译丛书（珍藏版）书目

书名	译注者	审阅者
论语注译	孙钦善	宗福邦
老子注译	张玉春　金国泰	安平秋
庄子选译	马美信	章培恒
孟子选译	刘聿鑫　刘晓东	黄　葵
荀子选译	雪　克　王云路	董治安　许嘉璐
诗经选译	程俊英　蒋见元	刘仁清
楚辞选译	徐建华　金舒年	金开诚
左传选译	陈世铙	董治安
史记选译	李国祥　李长弓　张三夕	安平秋
汉书选译	张世俊　任巧珍	李国祥
后汉书选译	李国祥　杨　昶　彭益林	许嘉璐
三国志选译	刘　琳	黄　葵
资治通鉴选译	李　庆	黄永年
文心雕龙选译	周振甫	黄永年
世说新语选译	柳士镇　钱南秀	周勋初
颜氏家训选译	黄永年	许嘉璐
陶渊明诗文选译	谢先俊　王勋敏	平慧善
李白诗选译	詹　锳等	章培恒
杜甫诗选译	倪其心　吴　鸥	黄永年
李商隐诗选译	陈永正	倪其心
王维诗选译	邓安生　刘　畅　杨永明	倪其心
苏轼诗文词选译	曾枣庄　曾　弢	章培恒
李清照诗文词选译	平慧善	马樟根
辛弃疾词选译	杨　忠	刘烈茂
王阳明诗文选译	吴　格	章培恒
唐才子传选译	张　萍　陆三强	黄永年
徐霞客游记选译	周晓薇　马雪芹　焦　杰	黄永年　马樟根
阅微草堂笔记选译	黄国声	安平秋
西厢记选译	王立言	董治安
聊斋志异选译	刘烈茂　欧阳世昌	章培恒